中华生活经典

大观茶论

外二种

【宋】赵佶 等著
沈冬梅 李涓 编著

中華書局

图书在版编目(CIP)数据

大观茶论(外二种)/(宋)赵佶等著;沈冬梅,李涓编著.—北京:中华书局,2013.10(2023.9 重印)
(中华生活经典)
ISBN 978-7-101-09626-2

Ⅰ.大… Ⅱ.①赵…②沈…③李… Ⅲ.茶叶-文化-中国-古代 Ⅳ.TS971

中国版本图书馆 CIP 数据核字(2013)第 214892 号

书　　名	大观茶论(外二种)
著　　者	〔宋〕赵　佶等
编 著 者	沈冬梅　李　涓
丛 书 名	中华生活经典
责任编辑	王守青
责任印制	陈丽娜
出版发行	中华书局 (北京市丰台区太平桥西里 38 号　100073) http://www.zhbc.com.cn E-mail:zhbc@zhbc.com.cn
印　　刷	三河市博文印刷有限公司
版　　次	2013 年 10 月第 1 版 2023 年 9 月第 11 次印刷
规　　格	开本/710×1000 毫米　1/16 印张 12½　字数 100 千字
印　　数	42001-47000 册
国际书号	ISBN 978-7-101-09626-2
定　　价	28.00 元

目 录

茶　疏

茶　说

前　言

陆羽《茶经》首开风气之先，饮茶之道开始日渐为文人士大夫关注，茶道艺成为此后中国古代茶书内容的重要组成部分。

赵佶《大观茶论》是继陆羽《茶经》之后，又一部全面论述一个时代主流茶道艺的茶书。除了完整展示、记录宋代的点茶艺术外，《大观茶论》在茶文化史上还有更重要的历史地位，是因为它提出的一些理念，深刻地影响了中国茶文化的观念与习俗等传统。比如关于茶叶的鉴别，详细论述了与成品茶叶品质相关的几乎所有方面：一是品种，二是产地，三是制作工艺，四是掺杂作伪，五是贮藏。而此后茶书关于茶叶都无出这些方面，只是详略、侧重各有不同而已。《大观茶论》对于茶叶制造从采摘时间到及时制作都进行了细致论述，它对于制作过程与成茶品质之间相关性的观察与论述，是中国古代所有茶书中最细致的，制作工艺完成程度的过或不足与成品茶品质问题各个对应，因果关联十分准确，只有现代制茶技术加上量化分析后的实验所得，才堪与之相比。

又比如《大观茶论》对茶叶原料品级的重视，引发了中国茶文化传统中对茶叶细嫩度持久追求的现象，从此茶叶原料的等级基本决定了以其制成茶叶的等级。《大观茶论》对于“白茶”的特别推崇，使得此后的茶人，特别偏好基于茶树品种和地域差异的各款茶叶，这既极大地丰富了中国茶叶的品名种类，也给中国茶叶消费者提供了丰富的感官体验层次和滋味享受。

在茶饮品赏方面，《大观茶论》提出器具、水、火的匹配，及茶技艺、程式的保证，而对点成的茶汤则要从色、香、味诸方面进行品味，并欣赏其形态。关于茶艺，赵佶特别具有艺术家的气质与敏锐，使其对于茶艺的体验，超出了目前所有其他茶书作者，为宋代点茶茶艺作了最经典的论述，为茶文化史留下了点茶法的珍贵文献资料。而“水以轻清甘洁为美”的论断，则是对饮茶用水最好的文字总结。

许次纾《茶疏》可谓明代茶文化的集成之作，具有与明代大部分茶书所不同的特质。因为作者本人亲任茶事，深入茶区，观察学习，精心于茶事，对于制作、鉴别茶叶，有着极为本质的把握，深得茗柯之理。因而详尽而务实地论及茶事的各个方面，真知灼见，妙论百出。

明代制茶工艺大为改变，以蒸青或炒青、晒青的杀青方法炒制绿散茶，基于品种、产地、制作工艺诸因素组合而成的茶叶品名之间的差异更多、更细微，明人专注于茶的内在品质，使得茶叶名品日益出新，《茶疏》记录了当时的众多名品，而特别推崇岕茶。许次纾对明代绿茶炒制工艺作出了明确的认识和肯定：“旋摘旋焙，香色俱全，尤蕴真味”，这也是此后绿茶炒制的品质目标。许次纾提出茶叶采摘不能单以细嫩为标准，而是要“待其气力完足，香烈尤倍”时方行采摘，应当说更符合物理。

《茶疏》用大量的篇幅论述了叶茶瀹泡法的具体步骤和方法——而不像张源的《茶录》多为原则性的描述，极具可操作性。而为保证茶叶品质的收藏、取用，除在“产茶”一则中旗帜鲜明将茶叶的收藏提高到与制造同等重要的地位外，还专设收藏、置顿、取用、包裹、日用顿置五则，专门讲述相关的应用。关于论客、童子、饮时、宜辍、不宜用、不宜近、良友诸则，全面阐述了饮茶的宜忌，特别是“论客”，明人一般强调茶客的人品修养，《茶疏》更强调“素心同调，彼此畅适”，心性修养、趣味相投之人方可成为茶侣，这样与客共饮实际成为惺惺相惜、心意相交的情感精神互动。

《茶疏》和明代其他一些茶书一样提倡设置饮茶专门处所茶寮，刻意营造清静独幽的茶境，既自成一体又不脱离世俗，在世俗中保持自性，雅致中寻求真味，使日常生活与审美方式日渐融合，可以说这是最深切的茶意境。

黄龙德《茶说》，全面总结了明代炒青绿茶的制作工艺，所记录的工艺程序，为此后的绿茶制作一直沿用，其中的摊放、热炒、凉摊，以及反复的炒—揉—焙，都是绿茶制作至今仍必须遵行的原则。《茶说》与其他所有茶书相比还有更为高明的地方，就是它对于秋茶与初冬茶的推崇，这两种茶叶，其实只要采制得法，亦可得上佳品质。但是自唐五代以来春茶的观念深入人心，现在有些茶区根本就放弃秋冬茶的采制，对于自然资源是极严重的浪费。黄龙德慧眼独具，对于中国传统上品茶的观念是一个很好的纠偏，这也是本编最终舍张源《茶录》而取黄龙德《茶说》的重要原因之一。

《茶说》还总结了明代颇具代表性的散茶审评的经验，通过嗅觉、味觉、视觉、触觉等方式，从色、香、味、形诸角度来鉴别茶叶的品质，奠定了茶叶感官审评的基础。

本编所选的这三本茶书，不约而同记载了中国式茶艺所关注的两个主要方面，“曰采制，曰烹点”，即一是茶叶制造的工巧，一是茶饮品赏的细致。所论述的与茶艺相关的方方面面，都可以归结到这两大方面。首先是茶叶，茶叶是每部茶书首先最关注的内容，这也确实是自唐宋以来，中国茶道艺最核心的内容。无论是宋代的蒸青饼茶，还是明代的炒青绿茶，三位作者都对制作过程成功和失败的因素与成品茶叶不同特质之间的关系，给予了准确的说明，读者都能从中学会蒸青饼茶与炒青绿茶的鉴别技巧。其次是器具的选择、搭配，水火，时节，场合，人物，程式与技艺，等等。而对于茶饮的品赏，三本茶书都从色、香、味、形四方面提出了对茶叶的系统鉴赏。对于茶汤色泽，茶汤滋味的浓淡、甘醇，茶汤香气的本真天然，茶叶外形的精美，都给予了具体而贴切的描述，至今仍然是品茶人鉴赏茶叶的标准和感官审评的基础。

本次译注这三本茶书，希望能为当今读者提供先贤关于茶道艺的智慧、文化。囿于编者的学识，书中难免存在疏漏乃至讹误，祈请识者予以指正。

编著者

2013年8月

大观茶论

[宋]赵佶

赵佶（1082—1135），宋徽宗，北宋第八任皇帝，在位二十六年（1100—1125）。神宗第十一子，哲宗弟，曾被封为遂宁王、端王。元符三年（1100），哲宗病死，无子，皇太后向氏召立时年十九岁的端王赵佶继位。赵佶多才多艺，却治国无方。擅长书法、人物花鸟画、诗词、音乐等，留下来不少优秀的作品，但立国一百六十多年的北宋王朝，也毁在了他手里。宣和七年（1125）金兵南下，徽宗传位赵桓（钦宗）。靖康元年（1126）金人入汴，国亡被俘，二年北去，先后被迁往韩城和五国城，备受折磨，郁郁而亡。详见《宋史·徽宗本纪》。

赵佶精于茶艺，曾多次为臣下点茶，蔡京《太清楼侍宴记》记其“遂御西阁，亲手调茶，分赐左右”。政和（1111—1118）至宣和（1119—1125）年间，下诏北苑官焙制造、上供了大量名称优雅的贡茶，如玉清庆云、瑞云翔龙、浴雪呈祥等，详见熊蕃《宣和北苑贡茶录》。

关于书名，本书序言中说：“叙本末列于二十篇，号曰《茶论》”，熊蕃《宣和北苑贡茶录》说：“至大观初今上亲制《茶论》二十篇”，南宋晁公武《郡斋读书志》中著录“《圣宋茶论》一卷，右徽宗御制”，《文献通考》沿录，可见此书原名《茶论》。晁公武是宋人，所以称宋帝所撰《茶论》为《圣宋茶论》；明初陶宗仪《说郛》收录了全文，因其所作年代为宋大观年间（1107—1110），遂改称《大观茶论》，清《古今图书集成》收录此书时沿用此书名，今仍之。由于《宋史·艺文志》及其他的目录书及丛书、类书等都没有收录该书，因而也有学者怀疑此书并非徽宗亲作，或者是茶官代笔，但也仅限于怀疑而已。因为《大观茶论》在北宋末年就为熊蕃所著茶书引录，可以视为徽宗所作。

全书首序言，次分地产、天时、采择、蒸压、制造、鉴辨、白茶、罗碾、盏、筅、瓶、杓、水、点、味、香、色、藏焙、品名、外焙，共二十目。对于北宋时期蒸青团茶的地宜、采制、烹试、质量等均有详细记述，讨论相当切实。其中关于点茶的一篇，最为详细地记录了宋代这种代表性的茶艺。点茶是两宋的主流饮茶方式，北宋前期，调膏、击拂均用茶匙，而到徽宗时期，则专门用茶筅进行击拂。《大观茶论》对调膏、击拂、点茶的技艺进行了详细的描述，是继蔡襄《茶录》之后关于点茶法的经典之作，为宋代茶文化留下了珍贵的文献资料。

《大观茶论》传世刊本有：（1）宛委山堂《说郛》本；（2）《古今图书集成》本；（3）《说郛》蓝格旧钞本；（4）涵芬楼《说郛》本。本书以涵芬楼《说郛》本为底本，参校以宛委山堂《说郛》本及《古今图书集成》本。

因为本丛书的体例，底本改动者，一般不出校记。少量重要校勘，在注释中予以说明。

序

尝谓，首地而倒生[①]，所以供人之求者，其类不一。谷粟之于饥[②]，丝枲之于寒[③]，虽庸人孺子皆知[④]，常须而日用，不以岁时之舒迫而可以兴废也[⑤]。至若茶之为物[⑥]，擅瓯闽之秀气[⑦]，钟山川之灵禀[⑧]，祛襟涤滞[⑨]，致清导和[⑩]，则非庸人孺子可得而知矣；冲淡简洁[⑪]，韵高致静[⑫]，则非遑遽之时可得而好尚矣[⑬]。

遶腕旋上下透徹如酵糵之起麵踈星皎月燦然而
生則茶之根本立矣第二湯自茶面注之周回一綫
急注急上茶面不動擊拂既力色澤漸開珠璣磊落
三湯多寘如前擊拂漸貴輕勻周環旋復表裏洞徹
粟文蟹眼泛結雜起茶之色十已得其六七四湯尚
嗇筅欲轉稍寬而勿速其清真華彩既已煥發雲霧
漸生五湯乃可少縱筅欲輕勻而透達如發立未盡
則擊以作之發立已過則拂以斂之結浚靄結凝雪
茶色盡矣六湯以觀立作乳點勃結則以筅著居緩
大觀茶論　七

《大观茶论》书影

【注释】

①首地而倒生：草木由下向上长枝叶，故称草木为“倒生”。《淮南子·原道训》：“秋风下霜，倒生挫伤。”高诱注：“草木首地而生，故曰倒生。”则“首地而倒生”指草木植物。

②谷粟：粮食。谷，庄稼和粮食的总称。粟，谷物名，北方通称“谷子”。亦作为粮食的通称。

③丝枲（xǐ）：蚕丝和麻。丝，蚕丝。枲，大麻的雄株，只开雄花，不结子，纤维可织麻布。亦泛指麻。

④庸人：平常的人。《史记·廉颇蔺相如列传》：“且庸人尚羞之，况于将相乎？”孺子：幼儿，儿童。

⑤岁时：一年中春夏秋冬四季。舒迫：

安宁或窘迫。舒，安宁。迫，窘迫。兴废：兴复和废毁。本句意为不以岁时之舒而兴、之迫而废。

⑥至若：连词，表示另提一事。

⑦擅：占有。瓯闽：浙江东南部和福建地区。瓯，原古代部落，百越的一支，在今浙江瓯江流域一带，指浙江东南部地区。闽，指福建。秀气：灵秀之气。

宋赵佶《文会图》

⑧钟：汇聚，集中。灵禀：神奇的天赋。

⑨祛襟涤滞：清除郁滞，开阔胸怀。祛，除去，开散。襟，胸怀，心怀。涤，清除，洗涤。滞，郁滞，不舒展。

⑩致清导和：引导人达到清静和平的心境。致，获得，达到。清，高洁，纯洁。导，引导，招致。和，平和，和谐。

⑪冲淡：冲和淡泊。简洁：清洁，处世清白无瑕。

⑫韵高致静：情趣高雅，导人宁静。

⑬遑遽（huáng jù）：惊惧不安。好尚：爱好和崇尚。曹植《与杨德祖书》：“人各有好尚。”

【译文】

曾经有这样的说法：由下向上

生长枝叶的草木植物，能够满足人类不同的生活需求。粮食对于饥饿、丝麻对于寒冷的作用，即使是平常人和小儿都知道，它们都是经常需要，每天应用的，不会因为一年中春夏秋冬四季的安宁或窘迫而可以兴复或废毁。至于茶这样一种物品，拥有浙江东南部和福建地区的灵秀之气，汇聚着名山大川神奇的天赋，能够清除郁滞，开阔人的襟怀，引导人达到清静和平的心境，这些就不是平常人和小儿所能得知的了；茶饮冲和淡泊，清白无瑕，情趣高雅，导人宁静，则又不是惊惧不安的时候可能爱好和崇尚的。

本朝之兴①，岁修建溪之贡②，龙团、凤饼③，名冠天下，壑源之品④，亦自此盛。延及于今，百废俱举⑤，海内晏然⑥，垂拱密勿⑦，俱致无为⑧。荐绅之士⑨，韦布之流⑩，沐浴膏泽⑪，熏托德化⑫，咸以雅尚相推从事茗饮⑬。故近岁以来，采择之精，制作之工，品第之胜⑭，烹点之妙，莫不咸造其极。且物之兴废，固自有然，亦系乎时之污隆⑮。时或遑遽，人怀劳悴，则向所谓常须而日用，犹且汲汲营求⑯，惟恐不获，饮茶何暇议哉。世既累洽⑰，人恬物熙⑱，则常须而日用者，因而厌饫狼藉⑲。而天下之士，厉志清白⑳，竞为闲暇修索之玩㉑，莫不碎玉锵金㉒，啜英咀华㉓，较筐筥之精㉔，争鉴裁之妙，虽否士于此时㉕，不以蓄茶为羞，可谓盛世之清尚也。

【注释】

①本朝：北宋。

②岁修建溪之贡：建溪，水名，福建闽江北源，由南浦溪、崇阳溪（一称崇溪）、松溪合流而成，南流到今南平市和富屯溪、沙溪江合为闽江。其主要流域为宋代建州辖境，故此处建溪指称建州。其地产茶，号建茶，因亦借“建溪”指建茶。宋梅尧臣《得雷太简自制蒙顶茶》诗：“陆羽旧《茶经》，一意重蒙顶，比来唯建溪，团片敌汤饼。”北宋初期的

太平兴国二年（977），宋太宗下诏令建安北苑造茶进贡，此后即成定制，由福建路转运使专门负责每年督造贡茶进贡。

③龙团、凤饼：茶名，为福建北苑所造上品贡茶。宋太宗下诏制贡茶时，即“特置龙凤模”，就是用刻有龙、凤特殊图案的棬模压制贡茶茶饼，所造之茶，即以所用棬模的图

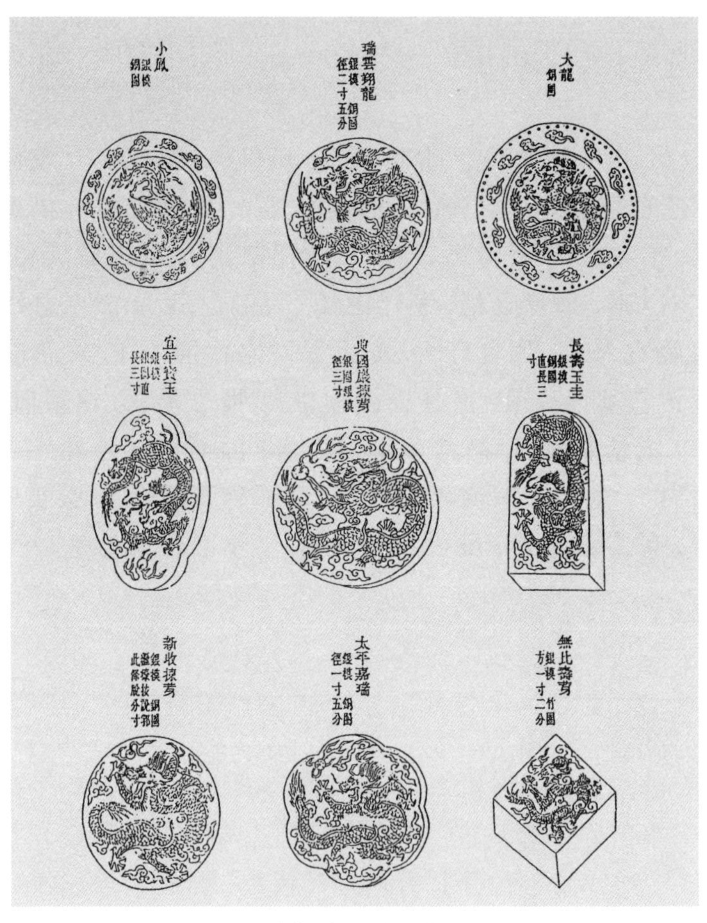

宋代的龙凤团茶图谱

案称为"龙团、凤饼",成为宋代最著名、最上品的茶品。

④壑源:壑源岭,周抱北苑之群山,与之冈阜相连,所产之茶堪与北苑相媲美,亦为官焙之所在。据宋子安《东溪试茶录》:"四方以建茶为目,皆曰北苑。建人以近山所得,故谓之壑源。"则北苑、壑源同为最著名的官焙,唯北苑为唯一的龙焙。

⑤百废俱举:一切废置的事都兴办起来。举,复兴,振兴。

⑥海内晏然:全国安定。海内,国境之内,全国。古代谓我国疆土四面临海,故称。《孟子·梁惠王下》:"海内之地,方千里者九。"晏然,安定貌,平安貌。

⑦垂拱密勿:无为而治或勤勉从事。垂拱,垂衣拱手,谓不亲理事务。《尚书·武成》:"惇信明义,崇德报功,垂拱而天下治。"后多用以称颂帝王无为而治。密勿,勤勉努力。

⑧俱致无为:都能达到无为而天下治理的境地。无为,无为之治,喻天下太平。

⑨荐绅:古代高级官吏的装束,亦指有官职或做过官的人。又称为"搢绅"、"缙绅"。荐,通"搢",皆指插笏于绅带之间。绅,古代士大夫束于腰间,一头下垂的大带。

⑩韦布:韦带布衣,贫贱者所服,用以指称贫贱者,泛指平民百姓。

⑪沐浴膏泽:蒙受恩惠。沐浴,蒙受,受润泽。《史记·乐书》:"沐浴膏泽而歌咏勤苦,非大德谁能如斯!"膏泽,比喻恩惠。班固《西都赋》:"功德著乎祖宗,膏泽洽乎黎庶。"

⑫熏托德化:受德教的影响教化。德化,犹德教。

⑬雅尚:风雅高尚。相推:互相推让。从事:参与做,致力于(某种事情)。

⑭品第之胜:品评茶叶之兴盛。品第,谓评定并分列次第。

⑮时之污隆:指世道之盛衰或政治的兴替。污隆,高下,指时世风俗的盛衰。《文选·广绝交论》:"龙骧蠖屈,从道污隆。"

⑯汲汲:心情急切貌,引申为急切追求。

⑰世既累洽:世代相承太平无事。累洽,和睦,协调。《文选·两都赋》:"至于永平

之际，重熙而累洽。”

⑱人恬物熙：与上文“人怀劳悴”相对，当是“人物恬熙”的互文，意为人人安于逸乐。恬，安定，安逸。熙，丰盛。

⑲厌饫（yù）：饮食饱足。杜牧《杜秋娘诗》：“归来煮豹胎，厌饫不能饴。”饫，宴饮，饱食。狼藉：散乱不整貌。

⑳厉志：激励意志。清白：品行纯洁。

㉑闲暇：悠闲从容。修索：修炼探索。

㉒碎玉锵金：用金属制的茶碾碾圆玉状的饼茶。锵金，撞击金属器物而发声。

㉓啜英咀华：啜咀英华，饮茶。语出唐韩愈《进学解》：“沉浸酞郁，含英咀华。”英华，指花木之美，此处譬茶。啜，食，饮。

㉔箧笥（qiè sì）：盛茶等物的盛器，此处指茶。箧，小箱子，藏物之具。笥，盛衣物或饭食等的方形竹器。

㉕否士：质朴之人。否，通“鄙”，用在名词前，用以谦称自己或与自己有关的事物，此处意为质朴。

【译文】

本朝兴起之初，就在建州开始制造上供贡茶，龙团、凤饼，名冠天下，壑源茶的品名，亦自此兴盛。一直延续到当下，一切废置的事都兴办起来，全国安定，不论是无为而治或是勤勉从事，都能达到无为而治天下太平。不论是有官职或做过官的人，还是平民百姓，蒙受恩惠，受德教的影响教化，都以风雅高尚互相推崇参与茗饮茶事。所以近年以来，采茶、择茶之精细，制茶之精巧，品评茶叶之兴盛，烹水点茶之精妙，无一不达到了登峰造极的程度。而且事物的兴废，虽然自有其所以然者，但也关乎世道风俗的盛衰或政治的兴替。如果时世惊遑不安，人们心存劳苦和忧愁，则之前所说日常需要、每天应用的东西，都要急切追求，就怕不能得到，哪有闲暇和可能来考虑饮茶之事呢。如果世代相承太平无事，人人安于逸乐，则日常需要、每天应用的东西，就会饮食饱足，丰富杂乱。此时，天下的士人，激励意志，纯洁品行，竞相修炼探索悠闲从容的爱好，无不用金属制的茶碾碾圆玉状的饼茶，品赏、体味茶饮的美妙，比较各人所收藏茶的精好，较量鉴别裁断的高明巧妙，即便是质朴之人处于这样的时世，也不以藏有茶叶为羞愧，可以说饮茶是盛世的清雅好尚。

呜呼，至治之世[①]，岂惟人得以尽其材，而草木之灵者，亦得以尽其用矣。偶因暇日[②]，研究精微[③]，所得之妙，人有不自知为利害者，叙本末列于二十篇[④]，号曰《茶论》。

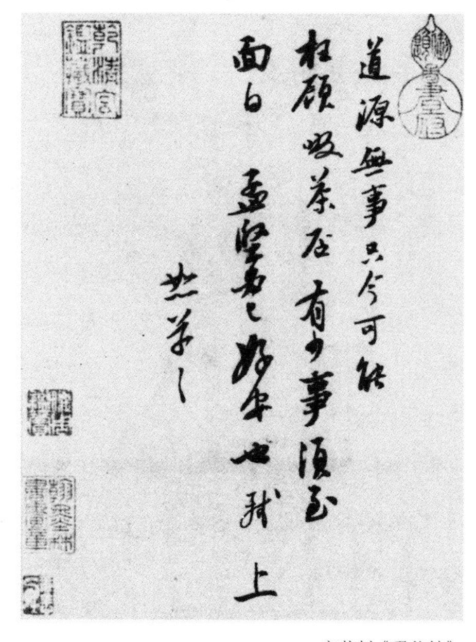

宋苏轼《啜茶帖》

【注释】

①至治之世：安定昌盛、教化大行的时代。

②偶：正好。暇日：空闲的日子。

③精微：精深微妙。《礼记·经解》："絜静精微，《易》教也。"

④本末：始末，原委。

【译文】

呜呼！安定昌盛、教化大行的时代，何止只是人能够得以使出全部才干，神异的草木，也能够得以尽其用啊。正好利用空闲的日子，探究茶的精深微妙，所探得的精微奥妙，有不为世人所知的利益与损害，因而陈述其始末原委共计二十篇，称之为《茶论》。

【点评】

《序》论述了茶饮文化与时世的关系，清尚雅玩与日常用品的关系。饥餐、寒衣是人人都知道的温饱问题，每天皆有需要，不会因为时世的状况而可以兴废；时代再动荡不安，人们再辛苦劳碌，温饱问题都是必须解决的。而饮茶作为一种“冲淡简洁，韵高致静”的清雅好尚，则不可能在动荡与劳碌的生活状态中开展。

对于个人来说，会饮茶，饮好茶，是一种清福。而对于一国之君的宋徽宗而言，在其治下全社会各阶层竞相崇尚茗饮，作者的自得之情溢于言表，因为茶饮文化是“盛世之清尚”，只有在安定繁荣、物质丰富的社会才有可能。经过一百多年的发展，宋代社会在诸如社会经济、人口、商业网络、市民生活、文化事业等多方面，均呈现出古代社会发展的高度成就。在摆脱了温饱问题的限制之后，宋人的生活，日趋文雅，营构了多重富于文化内涵的生活方式，茶是其中之荦荦一大项。

“诸事皆能，独不能为君”的赵佶，继承了北宋建国以来一百多年的发展成果，将他的艺术才情与最高权力相结合，在书画、音乐等方面开创了令人耳目一新的局面。而北宋建国以来就开始造贡，并创造了各种趋于极致的茶事文化现象，这引发了赵佶无限的兴趣，于是在皇宫内专门建阁贮茶，精微研究茶艺之余，欲罢不能地将他对茶叶的感受与研究心得，写成二十篇“茶论”，以让世人得知饮茶之微妙。其中的一些论述对中国传统茶文化的某些观念与习俗，形成了根深蒂固的影响。

地产

植产之地，崖必阳[①]，圃必阴[②]。盖石之性寒，其叶抑以瘠[③]，其味疏以薄[④]，必资阳和以发之[⑤]。土之性敷[⑥]，其叶疏以暴[⑦]，其味强以肆[⑧]，必资阴以节之[⑨]。[今圃家皆植木[⑩]，以资茶之阴。]阴阳相济[⑪]，则茶之滋长得其宜。

茶园

【注释】

①崖必阳：山崖坡地一定要在南面。崖，山或高地陡立的侧面。阳，山的南面或水的北面。

②圃必阴：园圃一定要有遮阴。圃，种植蔬菜、花果或苗木的园地。阴，水的南面或山的北面，不见阳光的地方。

③其叶抑以瘠：茶叶的生长会受到抑制而很瘦弱。

④其味疏以薄：茶的味道因而粗劣、贫乏、淡薄。

⑤必资阳和以发之：必定要借助于阳光的温和才能促发茶叶的生长。

⑥敷：饶足。

⑦疏:分布。暴:急骤,猛烈。

⑧强:健壮,强盛。肆:显明,有力。

⑨资:凭借,依靠。阴:阴凉。节:节制,管束。

⑩圃家:指在园圃种植茶树的人。

⑪济:调剂,弥补,补益。

【译文】

种植生产茶叶的田地处所,山崖坡地一定要在南面,园圃则一定要有遮阴。因为山崖坡地由山石风化所成的石土土性寒凉,茶叶的生长会受到抑制而很瘦弱,茶的味道因而粗劣、贫乏、淡薄,必定要借助于阳光的温和才能促发茶叶的生长。园圃泥土土性饶足,茶叶生长快速猛烈,茶的味道强健有力,必定要凭借阴凉来节制茶叶的生长。(现在在园圃种植茶树的人都会种植树木,来为茶树提供阴凉。)阴与阳互相调剂弥补,茶叶生长就能得其所宜。

【点评】

关于植茶之地,赵佶所论"崖必阳,圃必阴",进一步阐发了陆羽在《茶经》中所论的"阳崖阴林"说,园地植茶需要适当地遮阴,这样茶叶才不会迅猛生长,导致茶味"强以肆"。日本有些茶园在茶叶生长后期,必搭棚遮阴以节制茶叶生长,以免茶叶中的花青素等某些成分过量而导致茶叶味涩。未知是否是这一理论的应用。

天时

茶工作于惊蛰[①],尤以得天时为急[②]。轻寒,英华渐长,条达而不迫[③],茶工从容致力,故其色味两全。若或时旸郁燠[④],芽奋甲暴[⑤],促工暴力[⑥],随槁晷刻所迫[⑦],有蒸而未及压[⑧],压而未及研[⑨],研而未及制[⑩],茶黄留渍[⑪],其色味所失已半。故焙人得茶天为庆[⑫]。

【注释】

①惊蛰：二十四节气之一，时当每年的3月5日或6日。

②天时：自然运行的时序，此处指农时。

③条达：条理通达，指茶叶舒展地生长。

④若或：假如，如果。旸（yáng）：日出。《说文·日部》："旸，日出也。"郁燠（yù）：温暖。郁与燠二字相通，温暖。《文选·广绝交论》："叙温郁则寒谷成暄，论严苦则春丛零叶。"注："郁与燠，古字通也。"

⑤芽奋甲暴：意为茶芽迅猛生长。甲，植物的新叶。唐杜甫《有客》诗："自锄稀菜甲，小摘为情亲。"仇兆鳌注引《说文》："草木初生曰甲。"奋，猛然用力。暴，急骤，猛烈。

⑥促：推动，催促。暴力：原指强制的力量，武力，此处指茶工奋力劳作。

⑦随槁：意义不详，或言茶叶易于枯萎，或"槁"为衍字。晷（guǐ）刻：日晷与刻漏。古代的计时仪器，以指言时刻、时间。晷，指日晷。测度日影以确定时刻的仪器。刻，刻漏，古代计时器。以铜为壶，底穿孔，壶中立一有刻度的箭形浮标，壶中水滴漏渐少，箭上度数即渐次显露，视之可知时刻。迫：催促。

⑧蒸：蒸茶。压：压黄，榨茶。宋代北苑官

清黄慎《采茶图》

焙制茶中一道独有的工序。

⑨研：研茶，将蒸压过的茶叶研磨成末。

⑩制：制茶，将研成细粉末状的茶压制成茶饼。

⑪茶黄：蒸过的茶叶称为黄，或茶黄。留渍：湿润的茶黄积留。

⑫焙人：焙茶的工人。茶天：制茶的天时，宜于制茶的自然气候条件。庆：庆幸，天之恩遇。

【译文】

茶工在惊蛰节气开始采茶制茶，格外以能得天时为紧要。天气微寒，茶芽渐渐生长，舒缓而不急迫，茶工能够不慌不忙尽力工作，所以制成的茶叶色和味都很完美。如果天晴温暖，茶芽迅猛生长，催促茶工奋力劳作，茶叶易于枯萎因而制茶时间紧迫，有蒸茶之后不能及时压黄榨茶的，有压黄榨茶之后不能及时研茶的，有研茶之后不能及时压饼造茶的，蒸过的茶叶湿润堆积，茶的色泽滋味就会损失掉一半。所以焙茶工人非常庆幸能得到制茶的天时，认为这是上天的恩遇。

【点评】

关于开始采摘制造茶叶的天时，作者认为要在天气“轻寒”的惊蛰时节，这样茶叶才不会迅猛生长，茶工才能从容地采摘、制造，每道工序及时并保质地完成，从而能保证茶叶的品质。

采择

撷茶以黎明[①]，见日则止。用爪断芽[②]，不以指揉[③]，虑气汗熏渍[④]，茶不鲜洁。故茶工多以新汲水自随，得芽则投诸水。

【注释】

①撷茶：采茶。撷，摘取，采摘。黎明：天将明未明的时候。《史记·高祖本纪》司马贞《索隐》："黎，犹比也，谓比至天明。"

②爪：指甲。

③指：手指。揉：摩擦，搓挪。

④虑气汗熏渍：担心手气和手汗会熏染、浸渍茶叶。气汗，手气和手汗。

【译文】

采茶在天将明未明的黎明时候进行，看到太阳升起就停止。用指甲摘断茶叶，而不能用手指指肚去揉搓茶叶，担心手气和手汗会熏染、浸渍茶叶，致使茶叶不新鲜清洁。所以茶工一般都会带着刚刚打来的清鲜的水，采下茶芽就把它们放到水中。

凡芽如雀舌谷粒者为斗品[①]，一枪一旗为拣芽[②]，一枪二旗为次之，余斯为下茶。

【注释】

①雀舌谷粒：茶芽细嫩如雀舌、谷粒。宋沈括《梦溪笔谈》卷二十四："茶芽，古人谓之雀舌、麦颗，言其至嫩也。"斗(dòu)品：宋代最嫩、最高级的茶叶原料称为"斗品"。宋黄儒《品茶要录》："茶之精绝者曰斗，曰亚斗，其次拣芽，茶芽。斗品虽最上，园户或止一株，盖天材间有特异，非能皆然也。且物之变势无穷，而人之耳目有尽，故造斗品之家，有昔优而今劣，前负而后胜者，虽工有至有不至，亦造化推移不可得而擅也。"

②一枪一旗为拣芽：顶芽带一旗一枪的茶叶为第二等级的茶叶原料，称为拣芽。茶叶顶芽之外，茶芽刚刚舒展成叶称旗，尚未舒展称枪。

【译文】

茶芽细小如雀舌谷粒者，就是最高等级的茶叶原料，称为斗品；顶芽带一旗一枪的茶叶为第二等级的茶叶原料，称为拣芽；一枪二旗的茶叶再次一等，其余的就是下等的茶叶原料。

茶始芽萌，则有白合[①]，既撷则有乌蒂[②]。白合不去，害茶味；乌蒂不去，害茶色。

【注释】

①白合：茶叶刚萌芽时，抱生着的两片小叶即白合，现代称之为鳞片和鱼叶。

②既撷则有乌蒂：茶叶采摘之后断处会形成的黑头。乌蒂，黑色的蒂头。（现代研究也表明，如果不及时制作，茶芽的采断处就会因氧化而变红暗，在接下来的工序中不能与茶叶的其他部分发生同步的反应，从而影响茶的滋味、色泽。）

【译文】

茶刚开始萌芽时，抱生着的两片小叶即白合，茶叶采摘之后断处常常会形成黑头即乌蒂。白合不择除掉，就会损害茶的滋味；乌蒂不择除去，就会损害茶的色泽。

【点评】

茶叶制造的每道工序，都会从不同的方面对成品茶的质量产生不同的影响，赵佶从确保茶叶品质的角度出发，对于茶叶采摘、拣择、蒸芽、压黄、研膏、焙茶诸工序，提出了较为明确细致的要求。

采茶要在日出之前的清晨："撷茶以黎明，见日则止。"至于原因，南宋赵汝砺在《北苑别录》中有更进一步的说明："采茶之法须是侵晨，不可见日。晨则夜露未晞，茶芽肥润；见日则为阳气所薄，使芽之膏腴内耗，至受水而不鲜明。"即茶叶表面的露水对采摘下来的茶叶有一定的保持滋润、新鲜的作用。采摘要用指甲而不用指肚，这样就能快速切断叶梗，不致使茶叶受到手中汗气的揉搓而不鲜洁。而为了保证采下茶叶的鲜洁度，采茶工人常常会随身携带清水罐，将采下的茶叶投到清水中。——这或许是徽宗时福建路转运使郑可简新创

"银线水芽"灵感的来源之一。

采下的茶叶要经过仔细分拣，拣茶工序，首先是对茶叶原料品质的等级区分：最高等级的茶叶原料称为斗品、亚斗，是茶芽细小如雀舌谷粒者（徽宗之后，斗品则指其所崇尚的白茶）；次一级是已经长成一旗一枪的芽叶，号拣芽；再次就是一般的茶芽。徽宗对茶叶原料品级的重视，引发了中国茶文化传统中两个坚定的现象，一是从此茶叶原料的等级决定了以其制成茶叶的等级，二是对茶叶细嫩度的追求成为茶人难以遏止的冲动。徽宗时福建路转运使郑可简所创"银线水芽"，剔取细小得像鹰爪一样的小芽中心的一线细芽："将已拣熟芽再剔去，只取其心一缕，用珍器贮清泉渍之，光明莹洁，若银线然。"——银线水芽成为茶叶原料之细嫩度不可逾越的巅峰。

拣茶工序的第二个主要目的，是要拣择出对所造茶之色味有损害的白合与乌蒂。应当说宋代的拣茶工序在蒸造之前，较之现代制茶是在制成之后再行拣择的做法，要更科学合理，因为制前拣择，不合用之叶对于茶叶的损害已然剔除，而制成之后再拣剔，不合用之叶对于茶叶内质的损害已然形成，此时的拣剔只不过使茶叶外形整齐而已。二者所存在的质的差别显而易见。

蒸压

茶之美恶，尤系于蒸芽、压黄之得失①。蒸太生则芽滑②，故色清而味烈③；过熟则芽烂④，故茶色赤而不胶⑤。压久则气竭味漓⑥，不及则色暗味涩⑦。蒸芽欲及熟而香⑧，压黄欲膏尽亟止⑨，如此，则制造之功十已得七八矣。

【注释】

①蒸芽：蒸茶。压黄：指对已经经过蒸造的茶芽进行压榨，挤出其中的汁水。得失：得与失，犹成败。

②蒸太生则芽滑：茶叶蒸得不够熟，就会生滑。

③色清而味烈：茶色青绿而茶味浓烈。清，通“青”，绿色或蓝色。

④过熟则芽烂：茶叶蒸得太熟，就会软烂。

⑤茶色赤而不胶：茶叶颜色发红而不牢固。

⑥压久则气竭味漓：榨茶压黄太久，茶叶气味散尽滋味淡薄。漓，浇薄，浅薄。

⑦不及则色暗味涩：榨茶压黄不够，茶叶颜色暗淡滋味苦涩不甘滑。

⑧蒸芽欲及熟而香：蒸茶以刚蒸熟发出香气为好。

⑨压黄欲膏尽亟止：榨茶压黄以茶叶中的汁水刚好压尽时就立刻停止为好。膏，指茶

宋刘松年《撵茶图》

的汁水。

【译文】

茶品质的好坏高下，特别取决于蒸芽、压黄两道工序的成败得失。茶叶蒸得不够熟，就会生滑，所以茶色青绿而茶味浓烈；茶叶蒸得太熟，就会软烂，因而茶叶颜色发红而不牢固。榨茶压黄太久茶叶气味散尽滋味淡薄，不够则茶叶颜色暗淡，滋味苦涩不甘滑。蒸茶以刚蒸熟发出香气为好，榨茶压黄以茶叶中的汁水刚好压尽时就立刻停止为好，如果能做到这些，则茶叶制造的成效已经达到十分之七八了。

【点评】

对于宋代的蒸青饼茶来说，赵佶认为最关键的工序是蒸芽、压黄，这两道工序如果得尽其宜，则茶叶制造的功效已经实现十分之七八。蒸茶过生或太熟都会直接影响茶的色泽和滋味，杀青工序之于绿茶的重要性，自不待言。而压黄，虽然说在宋代只用于“味远而力厚”的建茶，从某种意义和实际功效上来说，相当于揉捻的工序，也都会直接影响茶的色泽和滋味。

制造

涤芽惟洁①，濯器惟净②，蒸压惟其宜，研膏惟热③，焙火惟良④。饮而有少砂者⑤，涤濯之不精也。文理燥赤者⑥，焙火之过熟也。夫造茶，先度日晷之短长⑦，均工力之众寡⑧，会采择之多少⑨，使一日造成。恐茶过宿，则害色、味。

【注释】

①涤：清洗。

焙火

②濯：洗涤。

③研膏：加水将茶叶研磨成浓稠的糊状物。

④焙火：焙烘茶饼的火力。良：长，久。

⑤饮而有少砂：饮用时茶汤中有少量细沙石粒。

⑥文理燥赤：茶饼表面的纹理干燥呈朱红色。文理，花纹，纹理。燥，缺少水分，干燥。

⑦度（duó）日晷之短长：计算时间的长短。度，丈量，计算。日晷，日影，引申为时间，时光。

⑧均：调和，调节。

⑨会（kuài）采择之多少：总计所采摘茶叶的量之多少。会，计，总计。

【译文】

洗涤茶芽惟求清洁，清洗器具惟求洁净，蒸茶、压茶惟求适宜，研茶惟求趁热，烘焙茶饼的火力惟求长久。饮用时茶汤中有少量细沙石粒，是因为涤芽、濯器不够精细。茶饼表面的纹理干燥呈朱红色，是因为焙火太热。造茶，首先要计算时间的长短，调节制茶人工的多少，总计所采摘茶叶数量之多少，使采摘下来的茶叶在一天之内制造完成。惟恐摘下的茶叶过夜之后再制造，这样会损害茶的色泽、滋味。

【点评】

蒸芽、压黄之外，赵佶对研膏、茶饼焙火工序都提出了原则性要求："涤芽惟洁，濯器惟净，蒸压惟其宜，研膏惟热，焙火惟良。"让人看到对洁、净的要求。而制茶过程中对卫生的要求最早开始于宋太宗，至道年间就曾经专门下诏令对研茶工序提出必须遵行的卫生要求："至道二年九月乙未，诏建州岁贡龙凤茶。先是，研茶丁夫悉剃去须发，自今但幅巾，先洗涤手爪，给新净衣。吏敢违者论其罪。"虽然先前剃去丁夫须发的手段对茶工不无侮辱，但在制茶过程中讲究卫生，也算是观念上的一种进步。而在多道生产工序中对清洁卫生的讲求，也可以说是古代茶文化中的一个亮点。

鉴辨

茶之范度不同[①]，如人之有面首也[②]。膏稀者[③]，其肤蹙以文[④]；膏稠者，其理敛以实[⑤]。即日成者，其色则青紫；越宿制造者[⑥]，其色则惨黑[⑦]。有肥凝如赤蜡者[⑧]，末虽白[⑨]，受汤则黄；有缜密如苍玉者[⑩]，末虽灰，受汤愈白。有光华外暴而中暗者，有明白内备而表质者[⑪]。其首面之异同[⑫]，难以概论。要之[⑬]，色莹彻而不驳[⑭]，质缜绎而不浮[⑮]，举之则凝然[⑯]，碾之则铿然[⑰]，可验其为精品也[⑱]。有得于言意之表者[⑲]，可以心解[⑳]。

【注释】

①范度：品类式样。

②面首：容颜，面貌。

③膏：经过研磨之后的茶膏，这里指经过蒸压研造之后的茶体本身。

④其肤蹙（cù）以文：茶饼表面的肤理就很蹙绉。蹙，屈聚，收拢。

⑤其理敛以实：茶饼表面的纹理收敛坚实。敛，收缩，聚焦。实，充实，坚实。

⑥越宿：经过一夜。

⑦惨黑：浅黑。惨，指浅色。

⑧肥凝：厚重凝结。肥，厚重。凝，凝结。

⑨末：点试时将茶饼碾磨成茶末。

⑩缜密：细致，周密。《礼记·聘义》："缜密以栗，知也。"郑玄注："缜，致也。"缜，细致。

⑪表质：外表质朴。

⑫首面：外表，表面。宋苏轼《次韵曹辅寄壑源试焙新芽》："要知玉雪心肠好，不是膏油首面新。"宋黄儒《品茶要录·渍膏》："〔茶饼〕膏尽则有如干竹叶之色，唯饰首面者，故榨不欲干，以利易售。"

⑬要之：犹总之。《史记·张仪列传》："要之，此两人真倾危之士哉！"

⑭莹彻：莹洁透明。驳：色彩错杂，混杂不精纯。

⑮质：禀性，质地。缜绎：细致严密而连续不断。浮：轻浮，空虚。

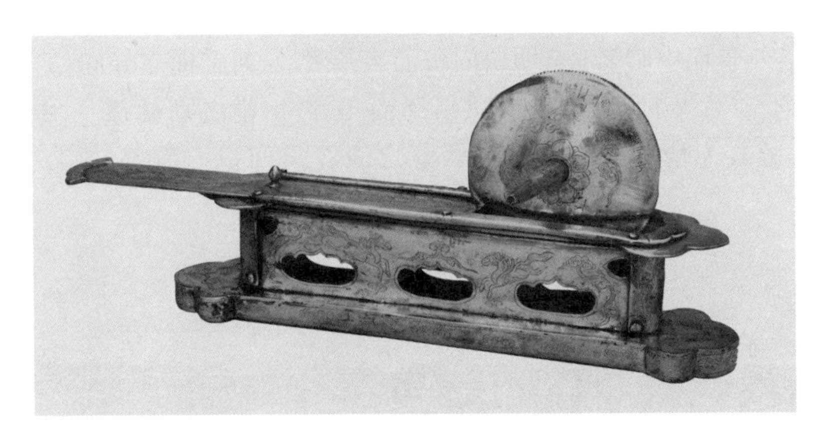

法门寺鎏金银茶碾

⑯凝然：安然，形容举止安详或静止不动。

⑰铿然：声音响亮貌，坚实貌。

⑱验：验证，验实。

⑲言意之表：言语和意旨的表述。

⑳心解：心中领会。汉郑玄注《礼记·学记》：“学不心解，则忘之易。”

【译文】

茶的品类式样不同，就像人的容颜面貌一样。经过蒸压研造之后的茶体本身稀薄的，茶饼表面的肤理就很蹙绉；茶体本身浓厚的，茶饼表面的纹理就收敛坚实。当天制成的茶，茶饼颜色青紫；经过一夜制成的茶，茶饼颜色浅黑。有的茶饼厚重凝结像赤蜡，碾成的茶末颜色虽白，点汤之后则成黄色；有的茶饼细致密实像苍玉，碾成的茶末颜色虽灰，点汤之后却愈发呈白色。有的茶饼表面光彩而内在灰暗，也有茶饼内里实在净洁而外表质朴。茶饼表面的异同，难以一概而论。总之，色泽莹洁透明精纯而不混杂的，质地细致严密连续不断而不轻浮空虚的，拿起来感觉密实，碾磨时声音响亮坚实，这些都可以表明是茶之精品。茶叶的鉴别，有的可以通过言语和意旨表述，有的可以心中领会。

比又有贪利之民[①]，购求外焙已采之芽[②]，假以制造[③]，研碎已成之饼，易以范模[④]，虽名氏、采制似之[⑤]，其肤理色泽[⑥]，何所逃于鉴赏哉[⑦]。

【注释】

①比：近日，近来。

②外焙：远离北苑、壑源官焙茶园之外民间设置的茶焙茶园。

③假：伪托，假冒。

④易：替代。范模：制茶饼的模子。

⑤名氏：姓名，这里指茶品名。采：神色，容态。制：样式。

大龙茶棬模

⑥肤：外表。理：物质组织的纹路。色泽：颜色和光泽。

⑦何所：何处。逃：逃避，躲避。鉴赏：识别，辨识，鉴定欣赏。

【译文】

最近有贪求利益的人，收购外焙已经采下的茶芽，通过制造仿冒，将已经制成的外焙茶饼重新研碎，用与正焙相同的茶模重新压饼制造，制成的茶饼虽然品名、样式与正焙的茶饼相似了，但它们表面的组织纹路和颜色光泽，又哪里能逃得过鉴定和识别呢？

【点评】

制造各项之后，作者论及成品茶的鉴别，而在论述点茶主要用具及点茶程式之后，更是结合点试之后的茶汤效果，一一辨别各种滋味、香气、色泽与茶叶原料、制作得失以及整体制造过程每一道工序能否相继及时完成之间的相互关系，是授人以渔式的教人从关键之处鉴别、明白茶叶的各项品质。

白茶①

白茶自为一种，与常茶不同，其条敷阐②，其叶莹薄③。崖林之间偶然生出，盖非人力所可致④。正焙之有者不过四五家⑤，生者不过一二株，所造止于二三胯而已⑥。芽英不多⑦，尤难蒸焙。汤火一失，则已变而为常品。须制造精微，运度得宜[8]，则表里昭澈[9]，如玉之在璞[10]，他无与伦也[11]。浅焙亦有之[12]，但品格不及[13]。

【注释】

①白茶：原为宋代福建北苑的茶树小品种之一“白叶茶”，因“芽叶如纸”、品质优异、产量少而难得，一直为民间所重，“以为茶瑞”，最初作为民间的“斗品”，因徽宗本人特别喜好，以其芽叶所制成的茶品亦称之为“白茶”，在当时及其后的很长时间里，成为贡茶的最上品。

②条：细长的茶树枝。敷阐：舒展显明。

③莹：光洁透明。薄：厚度小。

④盖：语气词，多用于句首。致：求取，获得。《论语·子张》：“百工居肆以成其事，君子学以致其道。”

⑤正焙：指建安北苑、壑源专门生产贡茶的官焙茶园。

⑥胯：又称“銙（kuǎ）”，古代附于腰带上的扣版，作方、椭圆等形，宋代用以作计茶的量词；又用以指称片茶、饼茶。

⑦芽英：精华的茶芽。

⑧运度：用心测度。

⑨昭澈：明净光亮。

⑩璞：包在石中而尚未雕琢之玉。

⑪他无与伦也：其他没有什么能够相比的，没有能比得上的。

⑫浅焙：据本书后面的文字：“盖浅焙之茶，去壑源为未远。”为最接近北苑、壑源正焙的外围茶园。

⑬品格：指茶的质量、规格。

【译文】

白茶是一个独特的品种，与一般普通的茶不同，它的枝条舒展显明，茶叶叶片较薄而光洁透明。白茶在山崖林圃间偶然自发长出，不是人工可以栽培得到的。专门生产贡茶的北苑龙焙官茶园里有白茶树的不过四五家，每家也不过只有一二株，每家最多只能制造出二三块茶饼而已。白茶树生长出来的茶芽数量不多，特别难于蒸茶和焙火。蒸茶和焙火的过程一有小失误，茶叶的品质就会变得和普通茶树品种所制成的茶饼一样了。必须要精心制造，掌握好汤火的程度，这样制成的茶饼里外都明净光泽，就像包在石中尚未雕琢之玉，其他的茶无法与之相比。最接近北苑、壑源正焙的外围浅焙茶园中也会有白茶树，但是茶的质量规格都比不上正焙茶园的白茶。

【点评】

《大观茶论》中《白茶》和《品名》两篇的内容，对传统茶文化有着深远乃至根深蒂固的影响。

白茶是当时建安北苑茶区的一个特殊小品种，因为芽叶莹薄如纸，与斗茶以色白为胜的标准相一致，因而得到民间茶人的看重，称之为茶瑞，以之为原料茶芽最上品。建安“茶之名有七，一曰白叶茶，民间大重，出于近岁，园焙时有之。地不以山川远近，发不以社之先后，芽叶如纸，民间以为茶瑞，取其第一者为斗茶”。长期以来，白茶都为茶人所重，正如宋子安《东溪试茶录》及众多诗文所记，诸家叶姓茶园的白茶一直都很有名；另据蔡襄《茶记》和宋子安《东溪试茶录》，也曾有王姓、游姓等茶园的白茶。梅尧臣《王仲仪寄斗茶》诗句，“白乳叶家春，铢两值钱万”，就说明叶家的白茶是斗茶，苏轼《寄周安孺茶》中也有“自云叶家白，颇胜中山醁”，刘弇《龙云集》卷二十八《茶》亦说：“其制品之殊，则有……叶家白、王家白……”，说明叶家、王家的白茶一直都很有名。

徽宗对白茶看来是有着特别的偏好，《白茶》一节记述白茶的优良品质，《品名》一节则记出产白茶的诸家叶姓茶园，共计记有十三位叶姓园主及茶园名。虽然徽宗没有明言这十三家茶园出产为白茶，但从宋子安《东溪试茶录·茶名》“白叶茶”中所记“今出壑源之大窠者六（叶仲元、叶世万、叶世荣、叶勇、叶世积、叶相），壑源岩下一（叶务滋），源头二（叶畴、叶肱），壑源后坑一（叶久），壑源岭根三（叶分、叶品、叶居）……”，也是共有十三位叶氏园主及其茶园的情况非常吻合，表明叶家白茶在北宋时的恒常性以及世代相传的实际。

豆青乾隆御制茶诗盘

可以看到，由于建安茶人、著名文人乃至帝王前后不懈的推崇，基于品种特殊性的白茶北宋后期成为最上品茶叶。由于徽宗在《大观茶论》对白茶的专门极度推重，建安北苑官焙于政和二年（1112）添造白茶，从此直至南宋末年一直位列北苑贡茶按纲次排列的第三名。而其前面的两纲：龙焙贡新、龙焙试新，因为茶芽过嫩，总体水平并不是最好，实际是南宋姚宽在《西溪丛语》中所说为白茶所在的“第三纲最妙”。

以白茶为代表，徽宗对于小品种各有特性的贡茶的推陈出新乐此不疲，大观年间，造贡新铐、御苑玉芽、万寿龙芽、寸金四种新茶，政和年间添造试新铐、白茶、瑞云翔龙、太平嘉瑞四种，宣和四年（1122）之前又添造龙团胜雪等二十种，加上宣和二年（1120）添造、宣和七年（1125）省罢的琼林毓粹、清白可鉴、风韵甚高等十种贡茶，徽宗在位二十六年间共添造38款新品贡茶。而至其统治末年的宣和七年，确定的贡茶品名共计41款，并一直沿用至南宋末年，徽宗一朝所添造的贡茶超过总数的70%以上。

徽宗的这一嗜好，对于中国茶文化传统影响至深。基于茶树品种和地域差异的各款茶叶，成为爱茶人的一种偏好，这既极大地丰富了中国茶叶的品名种类，丰富了中国茶叶消费者感官体验的层次和滋味享受的色彩；而在另一方面，基于小品种和地域差异的茶叶产量的有限性，使得仿制和造假自北宋以来就不曾停歇过；发展到近代工业化介入茶叶领域，这种特点也使得品名高附加值与产业化、品牌发展之间产生很难调和的矛盾，19世纪末以来，便一直是中国茶业的主要困惑之一。

罗碾

碾以银为上，熟铁次之[①]。生铁者[②]，非淘炼槌磨所成[③]，间有黑屑藏于隙穴，害茶之色尤甚。凡碾为制[④]：槽欲深而峻[⑤]，轮欲锐而薄。槽深而峻，则底有准而茶常聚[⑥]；轮锐而薄，则运边中而槽不戛[⑦]。罗欲细而面紧，则绢不泥而常透[⑧]。碾必力而速，不欲久，恐铁之害色。罗必轻而平，不厌数[⑨]，庶已细者不耗[⑩]。惟再罗，则入汤轻泛[⑪]，粥面光凝[⑫]，尽茶色。

【注释】

①熟铁：用生铁精炼而成的含碳量在0.15%以下的铁，有韧性、延性，强度较低，容易锻造和焊接，不能淬火。明宋应星《天工开物·铁》："凡治铁成器，取已炒熟铁为之。"

②生铁：即铸铁。明李时珍《本草纲目·金石一·铁》〔集解〕引苏颂曰："初炼去矿，用以铸泻器物者为生铁。"《天工开物·五金》："凡铁分生、熟，出炉未炒则生，既炒则熟。"

③淘炼：淘洗冶炼。槌：同"椎"，捶打，敲击。磨：磨治。

④制：样式。《南史·齐豫章文献王嶷传》："讯访东宫玄圃，乃有柏屋，制甚古拙。"

⑤峻：高，陡峭。

⑥准：把握，准头。

⑦运边中而槽不戛（jiá）：碾轮能够在碾槽的中间运转，不会摩擦碾槽槽身而发出戛戛的刮磨声。戛，象声词，形容一种金石之类物质相叩击、刮磨的响声。

⑧绢不泥：茶罗的绢面不会被茶粉末糊住。

宋代瓷茶碾

⑨不厌数：不怕多罗筛几次。数，屡次，多次。

⑩庶：希望，但愿。已细者：已经磨得很细的茶粉末。耗：亏损，消耗。

⑪轻：轻细。泛：漂浮，浮游。

⑫粥面：点好之后茶汤表面的沫饽就像粥的表面一样。

【译文】

茶碾以用银制造为最好，熟铁制造者次之。生铁制造的，因为没有经过淘洗冶炼捶打磨治，偶尔会有黑铁屑隐藏在缝隙里，特别危害茶的色泽。碾的样式：碾槽要深而且陡峭，碾轮要薄而且锋利。碾槽深而且陡峭，则槽底有准头能使茶时时在槽底积聚；碾轮薄而且锋利，就能够在碾槽的中间运转，不会摩擦碾槽槽身而发出戛戛的刮磨声。茶罗则要绢细而罗面绷紧，这样茶罗的绢面不会被茶粉末糊住，便利茶末能够顺利地通过。碾茶一定要用力而快速，不能时间太长，惟恐铁会影响茶的颜色。罗茶一定要轻而且平，不怕多罗筛几次，但求已经磨得很细的茶粉末不致亏耗。只有经过多次的罗筛，点汤之后茶末才会漂浮，茶汤表面的沫饽就会像粥的表面一样凝结、华美，尽显茶之色泽。

【点评】

关于点茶用具，赵佶《大观茶论》较蔡襄《茶录》中所论列的茶具有所增减，但却在后

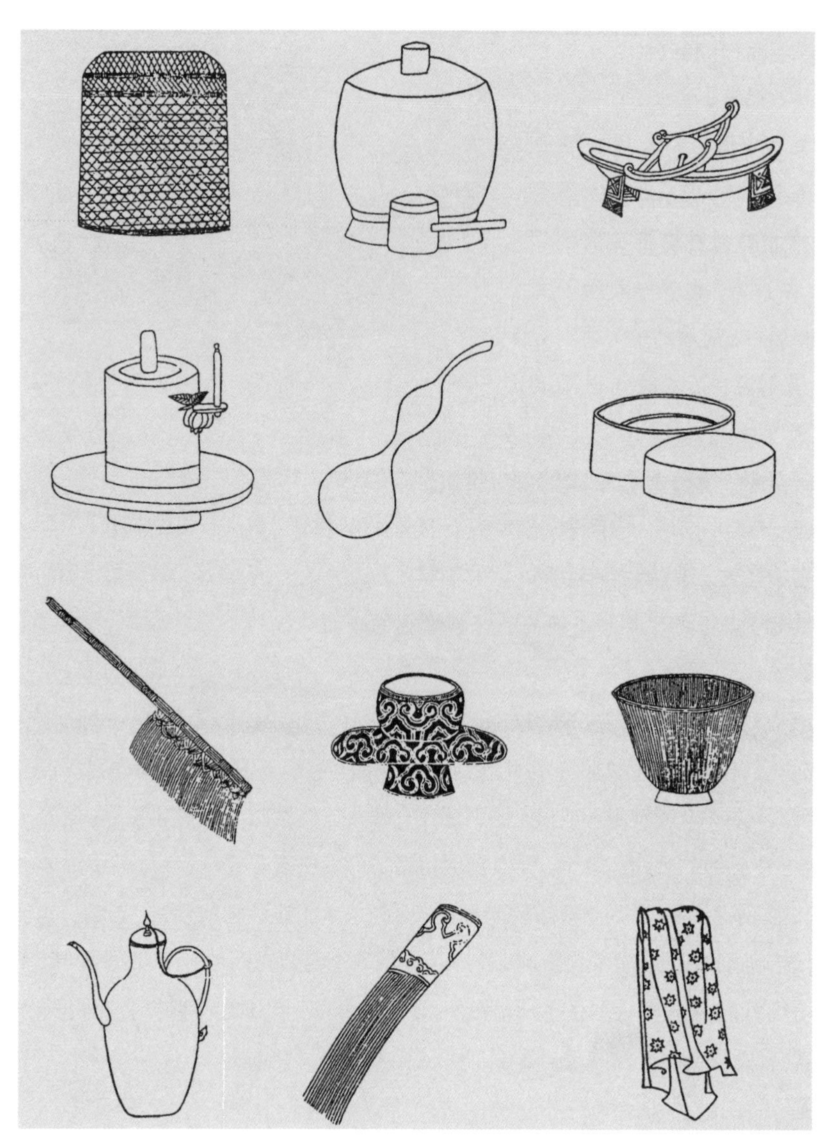

宋审安老人茶具图

者主要介绍质地的基础上，更为增加了关于形制及其与点茶效果相关性的内容。比如茶碾为何不能用生铁所制者，为何要碾槽深峻碾轮锐薄，茶罗为何要细而面紧，等等。可以说，《大观茶论》对茶饮、茶艺活动中茶具的选择，给出了最为基本的原则：即一切茶具的选用，以及茶具本身的审美，都是为着最后茶汤的效果。

关于茶罗，蔡襄和赵佶都要求茶罗罗底“绝细”而“面紧”，这样筛过的茶末极细，这样才能“入汤轻泛，粥面光凝，尽茶色”。有研究认为虽然罗茶要求茶末很细，但并非越细越好，其根据是因为蔡襄《茶录》中说“罗细则茶浮，粗则水浮”，居然认为“茶浮”是不好的，实在是对《茶录》的误读及对宋代点茶理解不慎所致。因为点茶成功便是要求茶末能在茶汤中浮起，《茶录》在《候汤》中说汤“过熟则茶沉”，在《熁盏》中说盏“冷则茶不浮”，从正反两面说明点茶是要使茶浮起来的。《大观茶论·罗碾》中也要求多加罗筛，使“细者不耗”，这样点茶时才能使茶末“入汤轻泛”，而泛者，浮也。丁谓《煎茶》诗曰“罗细烹还好”，也是说明罗茶的标准是茶末越细越好。

盏

盏色贵青黑①，玉毫条达者为上②，取其焕发茶采色也。底必差深而微宽③。底深则茶直立④，易以取乳⑤；宽则运筅旋彻⑥，不碍击拂⑦。然须度茶之多少⑧，用盏之小大。盏高茶少，则掩蔽茶色；茶多盏小，则受汤不尽。盏惟热，则茶发立耐久⑨。

【注释】

①贵：崇尚，以为宝贵。青黑：青色和黑色，青里带黑，墨蓝色。明宋应星《天工开物·白瓷》：“浙江处州丽水、龙泉两邑，烧造过釉杯碗，青黑如漆，名曰处窑。”钟广言

南宋建窑兔毫盏

注："因为所用的釉料含铁质较多，故烧成墨蓝色，光泽如漆。"

②玉毫：宋人茶盏以兔毫盏为上，深釉色的盏面有浅色的兔毫状的细纹，玉毫则是对兔毫的美称。条达：指兔毫纹条理通达。

③差：比较，略微。

④茶直立：茶在茶盏中能够有一定厚度，仿佛直立在盏中。

⑤易以取乳：易于点击出茶表面的白色汤花。宋人斗茶，以茶面泛出的茶汤色白为上，乳即指白色汤花。宋代诗人苏轼《试院煎茶》诗云："雪乳已翻煎处脚，松风忽作泻时声。"

⑥筅（xiǎn）：茶筅，用竹子制成的点茶用具，形似帚，用以搅拂茶汤。旋：回转，旋转画圆。彻：通贯，彻底。

⑦击：点击，敲打。拂：随击随过，掠过，轻轻擦过或飘动。

⑧然：然则，连词，连接句子，表示连贯关系，犹言"如此，那么"。

⑨茶发立耐久：指茶汤花被击拂出来并且能够停留较长的时间。

【译文】

茶盏的釉色以青黑为宝贵，有条理通达兔毫纹的为上品，因为它能焕发茶叶绚丽的光彩。茶碗底部一定要比较深并有些宽度。底部深则茶在茶盏中能够有一定厚度，仿佛直立在盏中，易于点击出茶表面的汤花；底部有宽度则能够圆转通贯地运用茶筅，不妨碍茶筅的点击拂弄。如此就须估算茶的多少，来确定所要使用茶盏的大小。若碗高大而茶少，茶的色泽就会被遮盖掩蔽；茶多而碗小，就不能够注入足够的水来点茶。茶盏一定要热，这样茶汤花被击拂出来才能够停留较长的时间。

【点评】

兔毫盏是宋代点茶茶艺的代表性茶具之一。自蔡襄《茶录》开始推崇深釉色的兔毫盏，并亲自收藏、把玩多枚兔毫盏，带动了宋人对深釉色茶盏的喜好。赵佶详细地说明了茶盏为何要用深釉色，为何要碗底差深而微宽，点茶时为何要燲盏令热，等等。因为宋代茶色尚白，深色釉茶盏凝重深沉的底色对于越白越好的茶汤，在强烈的视觉反差中强化了它的对比衬托作用，甚至能产生一种动感之美。为了取得较大的对比反差效果以显示茶色，故以兔毫盏为首的深色的茶盏为最好。与传统主流的和谐之审美趣味相比较，宋代点茶艺的审美趣味比较独特。

筅

茶筅以箸竹老者为之[①]，身欲厚重，筅欲疏劲[②]，本欲壮而末必眇[③]，当如剑脊之状。盖身厚重，则操之有力而易于运用。筅疏劲如剑脊，则击拂虽过而浮沫不生。

【注释】

①箸：筷子。

②疏劲：分散而强劲有力。

③本欲壮而末必眇（miǎo）：筅身宜壮实，而筅的前端应当纤细。眇，细小，微末。

【译文】

茶筅用老的箸竹制作，筅身宜厚重，筅的帚状部分宜分散而强劲有力，筅身厚重壮实而筅的前端纤细，形状应当像剑脊一样。筅身厚重，就能够有力地操控，自如地运用。筅前端分散强劲像剑脊，即使击拂稍微过头也不致产生浮沫。

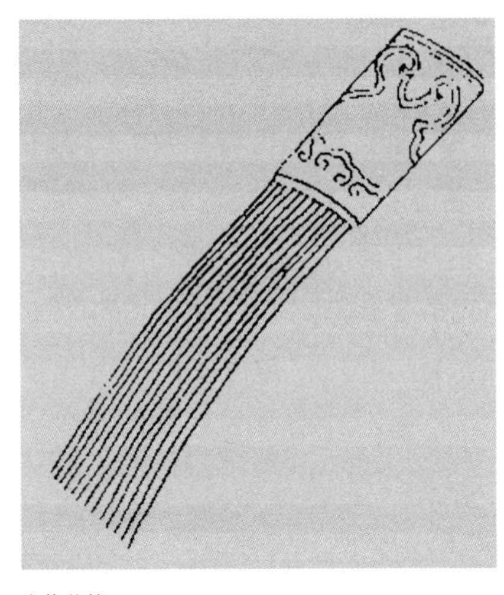
宋代茶筅

【点评】

茶筅也是宋代点茶茶艺的代表性茶具之一。最初点茶用茶匙，大约在北宋中后期时茶筅取而代之。赵佶说明了为何要用茶筅，以及茶筅为何要用身厚重而筅疏劲者。茶筅的形状则与茶匙根本不同，是对点茶用具的根本性变革，因为茶匙只是单独的一条，茶筅形状类似于细长的竹刷子，筅刷部分是根粗梢细剖开的众多竹条，这种结构，可以在以前茶匙击拂茶汤的基础之上同时对茶汤进行梳弄，使点茶的进程较易受点茶者控制，也使点茶效果较如点茶者的意愿。使宋代点茶法在茶汤效果方面有了更为艺术化的表达。

瓶

瓶宜金银，大小之制，惟所裁给①。注汤利害，独瓶之口觜而已②。觜之口欲大而宛直③，则注汤力紧而不散④。觜之末欲圆小而峻削⑤，则用汤有节而不滴沥⑥。盖汤力紧则发速有节，不滴沥，则茶面不破。

【注释】

①裁给：裁断，裁决。

②觜（zuǐ）：鸟之嘴。泛指形状或作用像嘴的东西。

③宛：仿佛。

④紧：快速，坚实，牢固。

⑤峻削：陡峭。

⑥节：节制，管束。滴沥：水一点一点地往下滴落。

【译文】

煮水的汤瓶适宜用金银制作，尺寸大小，根据使用需要裁定。倒水注汤好坏的关键，唯独在瓶嘴而已。瓶嘴口要大而且有些直，这样注汤时水流有力不散乱。瓶嘴的末端要圆小而陡峭，这样注汤时便于节制水流不会出现滴沥。注汤时水流有力则收发自如，水流不点点滴落，则粥状的茶汤表面不会被破坏。

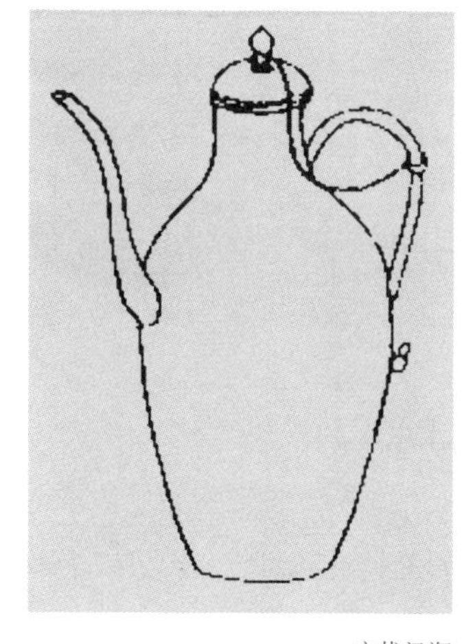

宋代汤瓶

杓

杓之大小，当以可受一盏茶为量。过一盏则必归其余，不及则必取其不足。倾杓烦数[①]，茶必冰矣。

【注释】

①烦：繁多，繁杂。数（shuò）：屡次。

【译文】

水杓的大小，应当以可盛一盏茶的水量为宜。容量超过一盏就得把剩余的水往回倒，容量不足一盏则又得再次取水以补充不足部分。水杓来回地反复取水倒水，茶盏里的茶必定凉了。

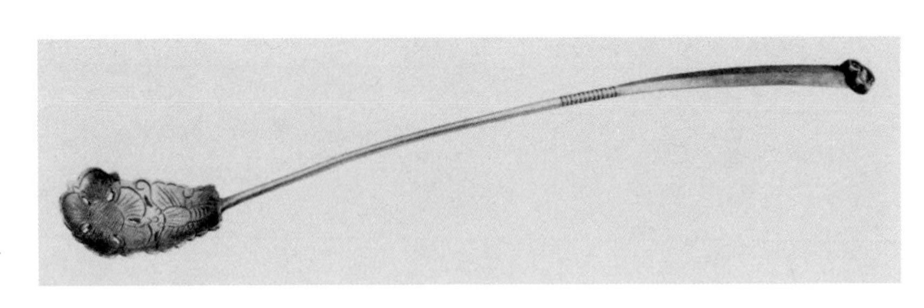

北京定陵出土的银鎏金茶匙

【点评】

水杓一项需特别予以说明。《大观茶论》中煮水具是汤瓶，紧接着的用具是杓，未免显得有些混乱，因为汤瓶中的开水可以直接从瓶中注点，毋需用杓取，而《杓》之条的内容表明用杓取的是点试用的开水。笔者在此前的研究中曾对此表示疑问，以为“水杓与汤瓶的功用不相协调，这在主要论述点茶法的《大观茶论》中不能不说是一个很大的疑点”。此番再度细研，发现赵佶在《水》一节中的论述，表明实为在水铫或锅釜中煮水，方可得观水煮开时泛起的气泡大小来判断水烧开的程度，与闷在汤瓶中煮水只能听响而看不见水面气泡的方法完全不同，这便使得水杓的存在不奇怪了。因为釜、铫都是日常饮食器具，茶与之共器，且无与茶密切相关的特色，赵佶就未将之列出，但却郑重其事地列出“杓”作为一项茶具，一则表明以釜铫煮水而以水杓取水点茶的做法亦相当普遍，一是因为要特别说明水杓的大小需要根据茶盏的大小而取用。

《大观茶论》中同列汤瓶、水杓，表明宋代点茶法用具的多样性。日本从宋代传入点茶法，以汤瓶点茶的方法在建仁寺等处仍有存留，而抹茶道则保留了以釜铫煮水、水杓取水的方法，唯不同者，赵佶在书中强调的杓要以一盏茶为量的原则似并未得到充分重视，取水时多少随意，一般似多取，则“必归其余”，取归之间对水温、茶温的细腻影响，被忽视或根本就无视了。

水

水以清轻甘洁为美①，轻甘乃水之自然，独为难得。古人第水虽曰中泠、惠山为上②，然人相去之远近，似不常得。但当取山泉之清洁者，其次，则井水之常汲者为可用。若江河之水，则鱼鳖之腥，泥泞之污，虽轻甘无取。

【注释】

①清：水澄清不混浊。轻：水质地轻，即今日说的“软水”。甘：指水味，入口有甜美之感，不咸不苦。洁：干净卫生，无污染。

②第：品第，评定。中泠：指江苏镇江金山南面的中泠泉，中泠与北泠、南泠合称“三

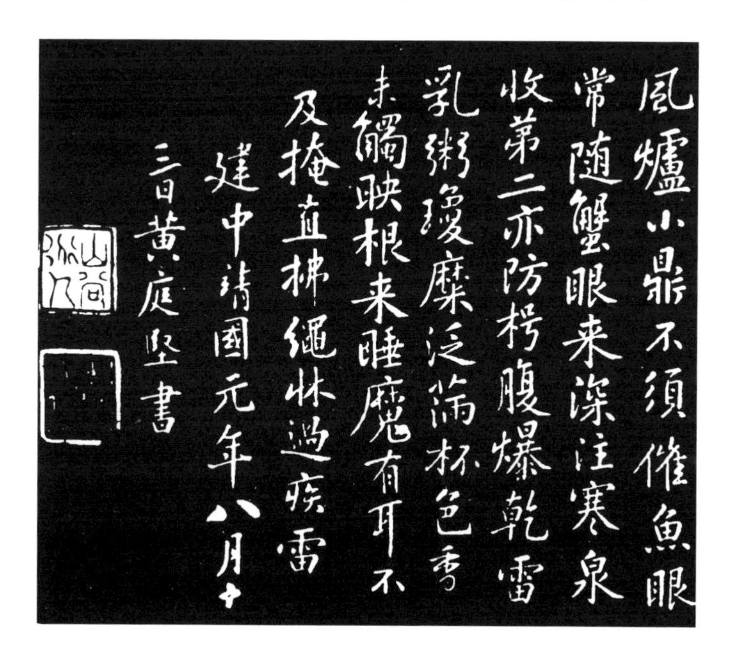

宋黄庭坚《奉同公择尚书咏茶碾煎啜三首》

泠”，唐以后人多称道中泠。惠山：指江苏吴锡惠山第一峰白石坞中的泉水。此二泉水在张又新《煎茶水记》中由刘伯刍评为天下第一、第二水：“扬子江南零水，第一”，“无锡惠山寺石水，第二”。

【译文】

水以清、轻、甘、洁为美，轻、甘是水的天然品质，特别难得。古人品第天下水品虽然以中泠泉、惠山泉为上，然而人们距离它们或远或近，好像不容易经常得到。应当取用清、洁的山泉，其次，常为人汲用的井水也可以用。至于江河之水，因为鱼鳖的腥气、泥泞的污染，即便有轻、甘之质也不能取用。

凡用汤以鱼目、蟹眼连绎迸跃为度[①]，过老则以少新水投之[②]，就火顷刻而后用[③]。

【注释】

①鱼目、蟹眼：水煮开时表面翻滚起像鱼目、蟹眼一般大小的气泡。陆羽《茶经》以“其沸如鱼目”者为一沸之水。连绎：连续不断状。迸：涌出，喷射。

②新水：新汲之水。

③就火顷刻：在火上再烧煮片刻。

【译文】

而烧煮开水则以水面连续不断翻滚起像鱼目、蟹眼一般大小的气泡为判断标准，水烧过老时则加入少量新汲之水，在火上再烧煮片刻而后使用。

【点评】

赵佶专列《水》一篇来论述饮茶用水，这使得他的《大观茶论》相较于《茶录》而成为更为全面的茶道艺著作。水为茶之母，蔡襄对水的忽略，可以从一则趣闻中得以印证：蔡襄尝与苏舜元斗茶，蔡茶优，用惠山泉水，苏茶劣，用竹沥水，结果是苏舜元的茶汤因为水好而取胜。

陆羽《茶经》提出了茶饮用水的一般区分："山水上，江水次，井水下"，张又新《煎茶水记》记陆羽曾经品评天下诸水，并排列出二十名次，此后唐人讲究饮茶用水者，言必称中泠、谷帘、惠山，以至于有李德裕千里运惠山泉的故事。宋人亦袭于传统，朝廷曾专门征调惠山泉水用于点茶，但除此之外，再无苛求因于名声的具体一水一泉者。而赵佶的总结相较于陆羽则更具有科学性："水以清轻甘洁为美，轻甘乃水之自然，独为难得。"清、洁是饮用水的基本要求，而轻、甘则是不同水源的特具自然属性。轻表示水的矿物杂质含量低，甘则表明水的滋味甜美。清代乾隆皇帝以特制银斗盛水称重，并以量轻者为佳水的做法，可以说是赵佶这一理念以近代科学的量化表达方式。

而就取用便捷的角度而言，苏轼在《汲江煎茶》诗里认为只要是清洁流动的活水即可，唐庚在《斗茶记》中认为"水不问江井，要之贵新"，赵佶认为"当取山泉之清洁者，其次，则井水之常汲者为可用"。三者异曲同工。

点

点茶不一[①]，而调膏继刻[②]。以汤注之，手重筅轻，无粟文蟹眼者[③]，谓之静面点。盖击拂无力，茶不发立[④]，水乳未浃[⑤]，又复增汤，色泽不尽，英华沦散，茶无立作矣[⑥]。有随汤击拂，手筅俱重，立文泛泛[⑦]，谓之一发点。盖用汤已故[⑧]，指腕不圆，粥面未凝，茶力已尽，雾云虽泛[⑨]，水脚易生[⑩]。

【注释】

①点茶：宋代冲点茶汤的饮茶方式。

北宋影青刻花注子注碗

②调膏：将适量的茶粉放入茶碗中，注入少量开水，将其调成极均匀的茶膏糊。继：随后，跟着。刻：指较短暂的时间。

③粟文：粟粒状花纹。蟹眼：此处指茶汤表面像蟹眼般大小的颗粒状花纹。

④发立：指茶汤花被击拂出来。

⑤浃（jiā）：浸透，融合。

⑥立作：汤花被击发出来并保持住。

⑦立文：激发出来的汤花乳沫。泛泛：漂浮貌，浮浅。

⑧故：久，长久。

⑨雾云：像云雾般的汤花。

⑩水脚：指点茶激发起的汤花乳沫消失后在茶盏壁上留下的水痕。建安民间斗茶，以汤花乳沫持久、最后消散在碗壁出现水痕者为优胜，所以"水脚易生"容易现出水痕的点茶法为不佳。

【译文】

点茶手法和效果很不一样，紧随着调膏进行。将开水注入，手用力但茶筅无力，茶汤表面形不成粟粒状和蟹眼般颗粒状花纹，这称之为"静面点"。因为茶筅击拂的力度不够，茶汤花没能被击拂出来，水和茶未相融合，又再增注开水，茶的色泽不能完全显现，精英华彩散失，茶就不能击发出来汤花并保持住。也有边注开水边用茶筅击拂的，手和茶筅都很用力，激发出来的汤花很浮浅，称之为"一发点"。这是因为注水的时间长，手指手腕运转不够圆活，茶汤表面的汤花没能像粥面一样凝聚，茶的力道已经耗尽，茶汤表面虽然也有云雾般的汤花浮起，但很容易消失而在茶盏壁上留下水痕——水脚。

妙于此者，量茶受汤，调如融胶[1]。环注盏畔，勿使侵茶[2]。势不欲猛[3]，先须搅动茶膏，渐加击拂，手轻筅重，指绕腕旋[4]，上下透彻，如酵蘖之起面[5]，疏星皎月，灿然而生，则茶面根本立矣。

【注释】

①调如融胶：将茶膏调得像融胶那样有一定浓度和黏度。

②侵：谓一物进入他物中或他物上，侵蚀，逐渐地损坏。

③势：力量，气势。

④绕：围绕，环绕。

⑤如酵蘖（jiào niè）之起面：就像酵母发面一样。酵，含有酵母的有机物。蘖，酒曲，酿酒用的发酵剂。起，指发酵。

【译文】

擅于点茶之道的人，会根据茶量来注入适量的开水，先将茶膏调得像融胶那样有一定浓度和黏度。然后再环绕茶盏壁注水，不让水侵入茶膏。不用猛力，先搅动茶膏，渐渐增加点击和拂弄，手轻而茶筅用力，手指和手腕一起环绕回旋，茶汤上下透彻，就像酵母发面一样，茶汤表面就如同点点星辰和皎皎明月，生出明亮鲜明的沫饽，茶汤表面的根本就生成了。

第二汤自茶面注之，周回一线，急注急止，茶面不动，击拂既力，色泽渐开，珠玑磊落[1]。

【注释】

①珠玑：珠宝，珠玉。磊落：众多委积貌，明亮貌，错落分明貌。

【译文】

第二次注水从茶面注入，环绕注水一周，急注急止，不扰动茶汤的表面，用力击拂，茶汤色泽逐渐开朗，如同众多的珠宝堆积，错落分明。

三汤多寡如前，击拂渐贵轻匀，周环旋复[1]，表里洞彻[2]，粟文蟹眼，泛结杂起[3]，茶之色十已得其六七。

【注释】

①旋复：回转，回还。汉傅毅《迪志诗》："日月逾迈，岂云旋复。"

②表里：表面和内部，内外。洞彻：通达。

元赵原《陆羽烹茶图》

③泛：广泛，普遍。结：联结，结合。杂起：混杂在一起产生出现。

【译文】

第三次注水量多少跟二汤一样，击拂渐渐轻巧均匀，周旋回转，茶汤内外通达，粟粒状和蟹眼般的花纹混杂在一起出现，茶汤的色泽已经显现出十分之六七了。

四汤尚啬①，筅欲转稍宽而勿速，其真精华彩②，既已焕然③，轻云渐生④。

【注释】

①啬：悭吝，少。

②华彩：美观，漂亮。

③焕然：光明，光彩，明显貌。

④轻云：薄云，淡云。

【译文】

第四次注水量要少，缓慢转动茶筅，茶的真精华彩焕然显现，渐渐形成像淡淡薄云一样的汤面。

辽张世卿墓壁画《备宴图》中持茶筅的侍女

五汤乃可稍纵[1]，筅欲轻盈而透达[2]，如发立未尽，则击以作之[3]。发立已过，则拂以敛之，结浚霭[4]，结凝雪[5]，茶色尽矣。

【注释】

①纵：放纵，任意。

②轻盈：行动轻快。透达：透彻，畅通。

③击：敲打。作：兴起，发生。

④结：凝聚。浚：深。霭：云气。

⑤凝雪：积雪。

【译文】

第五次注水可以稍微任意一些，轻盈而用力透达地转动茶筅，如果汤花没有被完全击拂出来，则可以略加敲击使之兴起。如果汤花过度，则用茶筅拂弄以收敛一些，这样茶汤表面就会如同重重的云气或积雪一样凝聚，茶汤的色泽完全显现。

六汤以观立作，乳点勃然[1]，则以筅著居[2]，缓绕拂动而已。

【注释】

①勃然：兴起貌。

②著：通“伫”，滞留。居：停息。

【译文】

第六次注水主要观察汤花的发生，乳花点点泛起，就将茶筅滞慢下来，缓缓围绕盏壁拂动而已。

七汤以分轻清重浊，相稀稠得中[①]，可欲则止[②]。乳雾汹涌[③]，溢盏而起[④]，周回凝而不动[⑤]，谓之“咬盏”，宜均其轻清浮合者饮之。《桐君录》曰[⑥]：“茗有饽[⑦]，饮之宜人。”虽多不为过也。

【注释】

①相（xiàng）：看，观察。稀稠：犹言疏密。得中：适当，适宜。

②可：符合，适合。欲：爱好，喜爱。

③汹涌：翻腾上涌。

④溢：满，充塞。

明唐寅《茶图》

⑤凝：凝结，静止。

⑥《桐君录》：全名为《桐君采药录》，或简称《桐君药录》，南朝梁陶弘景《名医别录自序》中载有此书，当成书于东晋（4世纪）以后，5世纪以前。陆羽《茶经·七之事》引录此处所引内容。

⑦饽（bō）：茶上浮沫。陆羽《茶经·五之煮》："凡酌，置诸碗，令沫饽均。沫饽，汤之华也；华之薄者曰沫，厚者曰饽。"

【译文】

第七次注水要看茶汤轻清、重浊的情况，观察汤花稀稠疏密适宜，符合个人的喜好即可停止。茶盏里乳沫翻腾上涌，充满茶盏，周边凝结不动，称之为"咬盏"，这时就可均匀轻清浮合的汤花乳沫进行饮用。《桐君录》说："茗有饽，饮之宜人。"沫饽虽多也不为过。

【点评】

点茶法是宋代主流茶饮方式和技艺，本是建安民间斗茶时使用的冲点茶汤的方法，随着北苑贡茶制度的确立，制作贡茶方法的日益精致，贡茶规模的日益扩大，以及贡茶作为赐茶在官僚士大夫阶层的品誉日著，建茶成为举国上下公认的名茶。庆历末年任福建转运使督造贡茶的蔡襄，于皇祐年间写成《茶录》，专从建茶点试角度论述茶之品质及点试所用器具。《茶录》所宣扬的内容伴着蔡襄的书法一起在社会上流传，建茶的点试之法也日益为人们所接受，成为人们点试上品茶时的主导品饮方式。徽宗的《大观茶论》对点茶之法则作了更为深入和详细的论述。《茶录》和《大观茶论》为宋代的点茶茶艺奠定了艺术化的理论基础，此后从这两种书中我们可以看到宋代点茶法的全部程序。

关于点茶法，赵佶给予了二十篇中的最大篇幅，足见其重视程度。点茶的第一步是调膏。一般每碗茶的用量是"一钱匕"左右，放入茶碗中后先注入少量开水，将其调成极均匀的茶膏，然后一边注入开水一边用茶筅（蔡襄时以用茶匙为主）击拂，蔡襄认为总体注水量"汤上盏可四分则止"，差不多到碗壁的十分之六处就可以了，徽宗认为要注汤击拂七次，看茶与水调和后的浓度轻、清、重、浊适中方可。（日本抹茶道中，没有调膏这一步，且是一次性放好开水，然后再一次性完成点茶。）

宋徽宗在《大观茶论》中记述了点茶过程注汤击拂的七个层次，一个很短暂的点茶过程，被细致分析成七个步骤，每一步骤更为短暂，但点茶人却能从中得到不同层次的感官体验，从中人们可以看到，点茶时茶人细腻而极致的感官体验和艺术审美。

味

夫茶以味为上，甘香重滑①，为味之全，惟北苑、壑源之品兼之②。其味醇而乏风骨者③，蒸压太过也。茶枪乃条之始萌者④，木性酸，枪过长，则初甘重而终微涩。茶旗乃叶之方敷者⑤，叶味苦，旗过老，则初虽留舌而饮彻反甘矣。此则芽胯有之⑥。若夫卓绝之品⑦，真香灵味，自然不同。

【注释】

①甘香：香甜。重：浓厚，浓重。滑：柔滑。

②北苑：宋代建州凤凰山专门生产贡茶的北苑茶园，又称龙焙、御焙。始自五代闽国龙启中，里人张廷晖将其地献给闽王，从

吴昌硕《品茗图》

此成为官茶园，南唐沿袭之，北宋太平兴国二年（977）宋太宗诏令其地置御焙，专门造贡龙凤团茶。其址位于今福建建瓯市东峰镇凤凰山，20世纪80年代文物普查时在建瓯东峰镇裴桥村林垅山发现一处独立的“凿字岩”，高约4米，宽约3米。正面朝西北，楷体阴刻《宋庆历戊子柯適记》一篇，竖8行，行10字，每字约20—30厘米。其文曰：“建州东凤皇山，厥植宜茶，惟北苑。太平兴国初，始为御焙，岁贡龙凤。上东东宫，西幽、湖南、新会、北溪，属三十二焙。有署暨亭榭，中曰御茶堂，后坎泉甘，宇（字）之曰御泉，前引二泉曰龙凤池。庆历戊子仲春朔柯適记。”

③风骨：刚健遒劲的特性。

④茶枪：特指茶树初萌未展的嫩芽。宋王得臣《麈史·诗话》：“闽人谓茶芽未展为枪，展则为旗，至二旗则老矣。”宋叶梦得《避暑录话》卷下：“盖茶味虽均，其精者在嫩芽，取其初萌如雀舌者，谓之枪，稍敷而为叶者谓之旗。”

⑤茶旗：展开的茶芽。唐皮日休《奉贺鲁望秋日遣怀次韵》：“茶旗经雨展，石笋带云尖。”敷：铺开，扩展。

⑥芽胯：一般的茶芽制作的茶饼。

⑦若夫：至于。用于句首或段落的开始，表示另提一事。卓绝：超过一切，无与伦比。

【译文】

茶以滋味为最重要，全面完美的滋味包括甘、香、重、滑，只有北苑、壑源的茶叶兼具这些滋味特点。滋味醇厚但缺乏刚健遒劲特性的，是因为蒸茶、压黄太过。茶枪是茶树初萌未展的嫩芽，木为酸性，茶枪过长的茶叶，其滋味虽然初饮甘、重，但最终会感到微有苦涩。茶旗是茶芽刚刚展开而成叶者，叶滋味苦，茶旗过老的话，其滋味虽然最初留苦味于舌，但饮完之后反而有回甘。一般的茶芽制作的茶饼都有这些特点。至于品质卓绝的茶叶，具有真香灵味，与一般的茶自然不同。

【点评】

“点茶”之后，赵佶专门论列茶的味、香、色，以实际品饮过程中茶叶味香色的表现，来论述其不同表现的原因。加上“点”一节中最终汤花要浮起凝立“咬盏”的要求，赵佶实际已经将茶叶评品对于色、香、味、形四个方面的要求标准全部提了出来，四项指标之中，味最重要：“茶以味为上”，而“甘香重滑，为味之全”，可以说概括出了茶味的真谛。而茶若想有甘香重滑全面的滋味，除了依法及时制作外，原料茶叶的品状也很重要。赵佶很细致地论述了所谓旗枪——也就是茶芽和茶叶在采摘时的状态，对于味的不同作用和影响。当今武夷岩茶茶叶采摘时的开面采要求，可以说是这一理论的具体体现。

香

茶有真香[①]，非龙麝可拟[②]。要须蒸及熟而压之，及干而研，研细而造，则和美具足，入盏则馨香四达，秋爽洒然[③]。或蒸气如桃仁夹杂[④]，则其气酸烈而恶[⑤]。

【注释】

①真香：未经人为、本真自然的香味。

②龙麝：即龙涎脑（又简称龙脑）和麝香，是宋代最常用的两种著名香料。拟：比拟，类似。

③秋爽：秋日的凉爽之气。骆宾王《送宋五之问得凉字》诗：“雪威侵竹冷，秋爽带池凉。”洒然：清凉爽快，形容神气一下子清爽。

④或蒸气如桃仁夹杂：茶蒸不熟时会有桃仁一类草木异味。宋人黄儒《品茶要录》有言：“蒸不熟，则虽精芽，所损者甚多。试时色青易沉，味为桃仁之气者，不蒸熟之病

清吴友如《古今人物百图·玉川品茶》

也。唯正熟者味甘香。”

⑤酸烈而恶：非常酸而不好。

【译文】

茶有未经人为、本真自然的香味，不是龙涎脑和麝香的香味可以比拟。必须蒸茶正好熟时进行压黄榨茶，榨干后即进行研茶，茶研细后即进行造茶，这样制成的茶就能和美具备，入盏点茶时就会茶香四处飘达，像秋日的凉爽之气一样清凉爽快。茶蒸不熟时会有桃仁一类草木异味，这样的茶气味非常酸而不好。

【点评】

关于茶香气，虽然自蔡襄《茶录》即说“茶有真香”，而建安民间茶人自己试茶从来不加香料，却对上贡的茶叶“微以龙脑和膏，欲助其香”。这看似矛盾的行为，其实道破了一个事实，即采摘过嫩的贡茶，事实上滋味香气不全，而为了保证原料细嫩的品质，只能通过外在添加物质来弥补香气等内质的不足。蔡襄即不赞同此法，但直到真正懂茶的徽宗皇帝赵佶这里，这个作假的现象才被纠正。赵佶在《香》一节说“茶有真香，非龙麝可拟”，直接的结果是随后的宣和初年，贡茶开始不再添加龙脑等香料。熊蕃《宣和北苑贡茶录》作了明确的记载：“初，贡茶皆入龙脑，至是虑夺真味，始不用焉。”但是此后历代茶人批评宋茶时，都说添加香料损害茶叶真味，完全忽略了懂茶的徽宗以后已经不再添加的事实。

然而另一个令人悲哀的事实却是，添加他物以助香、助味、助色的做法，至今却仍时不时地为某些制茶者所用。这些作假的行为，轻则影响茶叶本真的色香味，重则损害饮用者的身体健康。

色

点茶之色，以纯白为上真①，青白为次，灰白次之，黄白又次之。天时得于上②，人力尽于下，茶必纯白。天时暴暄③，芽萌狂长，采造留积，虽白而黄矣。青白者，蒸压微生；灰白者，蒸压过熟。压膏不尽则色青暗，焙火太烈则色昏赤④。

【注释】

①上真：最好。（疑此处“真”为衍字。）

②天时：时序，宜于做某事的自然气候条件。《孟子·公孙丑下》：“天时不如地利，地利不如人和。”

③暴：急骤，猛烈。暄：炎热。

④昏赤：暗淡、模糊的红色。

【译文】

点茶的汤色，以纯白为最好，青白为其次，灰白次之，黄白又次之。于上得适宜的自然气候条件，于下极尽人工劳作的最大努力，茶色必定纯白。如果气候炎热，茶芽迅速萌发，快速生长，采摘制造过程中有积压不能及时制造，原本纯白的茶色也会变黄。茶色青白，是因为蒸茶、压黄不够充分；茶色灰白，是因为蒸茶、压黄过度。压茶榨膏去汁不尽，茶色青暗；焙

明宣德茶碗

茶之火太猛烈，茶色暗红。

【点评】

因为斗茶“斗色斗浮”的需要，宋代茶叶崇尚白色，这就要求在茶饼的制造过程中，尽量榨尽茶叶中的汁液，否则就会色浊味重。这听起来实在是一件很奇怪的事情，宋人也意识到了这点，所以黄儒在《品茶要录》中作了这样的解释：“如鸿渐所论‘蒸笋并叶，畏流其膏’，盖草茶味短而淡，故常恐去膏；建茶力厚而甘，故惟欲去膏。”但力厚而甘的上品建茶毕竟为数甚少，到南宋，宋人已经不再轻信流传中的声名，而是通过实际品尝，最终承认就蒸青绿茶而言，绿色的茶叶味道实比白色的为好：“正焙茶之真者已带微绿为佳。”绿茶色泽标准回归到绿色，唯一的关键是自然本真，“盖天然者自胜耳”。

虽然赵佶详细讨论的宋代末茶各种的白色层次，自南宋之后就失却了现实意义，但是他对茶叶细腻的感官评价之风，却一直为此后的茶人所奉行。

藏焙

焙数则首面干而香减①，失焙则杂色剥而味散②。要当新芽初生即焙，以去水陆风湿之气③。焙用熟火置炉中④，以静灰拥合七分⑤，露火三分，亦以轻灰糁覆⑥，良久即置焙篓上⑦，以逼散焙中润气。然后列茶于其中，尽展角焙之⑧，未可蒙蔽，候火通彻覆之。火之多少，以焙之大小增减。探手炉中，火气虽热而不至逼人手者为良[9]。时以手挼茶体[10]，虽甚热而无害，欲其火力通彻茶体耳。或曰，焙火如人体温，但能燥茶皮肤而已，内之余润未尽[11]，则复蒸暍矣[12]。焙毕，即以用久漆竹器中缄藏之[13]，阴润勿开[14]。如此终年[15]，再焙，色常如新。

【注释】

①焙数：指在贮藏期间多次反复烘焙。

②失焙：指在贮藏期间不烘焙。

③水陆：水上与陆地。风湿：潮湿。

④熟火：木炭烧透后的文火。元王祯《农书》卷二十："凡蚕生室内，四壁挫垒空龛，状如三星，务要玲珑，顿藏熟火。"

⑤静灰：洁净的炭灰。拥：在底部或根部堆聚。合：闭拢。

⑥轻灰：细微的炭灰。糁（sǎn）：散落，洒上。覆：覆盖，遮蔽。

⑦良久：很久。焙篓：焙茶笼。篓，篓子，用竹篾、荆条、苇篾等编成的盛器，一般为圆桶形。

⑧展：展放。角：包，裹。

⑨逼：威胁，紧迫。

⑩挼（ruó）：同"挼"，揉搓，摩挲。北魏贾思勰《齐民要术·笨曲并酒》："以曲末于瓮中和之，挼令调均。"

⑪内之余润：茶饼内残留的水分。

⑫蒸：热。暍（yē）：热。

⑬竹器：用竹子作材料编制的器具的总称。缄（jiān）：闭藏，封闭。

北宋定窑瓷盒

⑭阴润：阴湿滋润。

⑮终年：全年，一年到头。《墨子·节用上》："久者终年，速者数月。"

【译文】

在贮藏期间多次反复烘焙，茶饼表面就会干燥并减损香气；在贮藏期间不烘焙，茶饼表面色泽就会杂驳剥落并且滋味散失。要在茶树新芽初生还未采制时就先起焙，以去除水上与陆地的潮湿之气。焙茶用木炭烧透后的文火置于炉中，以洁净的炭灰拥堆十分之七，只露出十分之三的炭火，并且在火上撒盖细微的炭灰，较长时间之后将炭炉放在焙茶笼上，以将茶焙中的湿气驱散。然后将茶饼列放在茶焙中，将所有的包夹都打开，不可覆盖遮蔽，等到火力通彻了，才可以加以遮盖。用火的多少，要根据茶焙的大小来进行增减。将手伸到炉上，以炉火热度高但不至于逼烤人手为宜。经常用手摩搓茶体，即使很热也没有什么妨害，想要让火力通透茶体罢了。有人说，焙火的温度像人的体温就可以，这个温度只能干燥茶饼的表面，茶饼内残留的水分不能焙尽，需要再度烘焙。焙火完成，立即用已经长久使用的漆竹器封闭贮藏，天气阴湿滋润时不要打开。这样一年到头，再次加以烘焙，茶饼色泽能够长久保持得像新茶一样。

【点评】

陆羽认为要真正领略茶饮、茶艺的真谛与精华，会有九种困难即所谓"茶有九难"，其第九难是"夏兴冬废，非饮也"，只有一年到头饮茶不断才算是真正的饮茶。而对于一年到头经常要饮用的茶来说，因其自身的易吸湿、串味的特性，如何妥善保存非常重要。蔡襄将藏茶器具列在了茶具之首，徽宗在其基础上更新、改善藏茶用具和藏焙方法，使之更好地发挥对茶叶的保管作用，为茶饮、茶艺活动提供最好的茶叶。

《大观茶论》之前，茶叶贮藏主要依靠焙茶笼，靠火焙去润湿藏茶。蔡襄已经提出密封藏茶的概念，但却只是用蒻叶封裹，然后放置在高处，使不近湿气。赵佶改进了藏茶的方法，即先在茶焙中将茶饼烤焙干燥之后，再放到可以密封的器物中密封缄藏，而且在多次开封取茶叶后，可以再次重复焙干后再缄藏，这样可以长久保持茶叶新茶时的品色。赵佶关于藏茶的改进，特别在以下两个方面有着深远的影响：

首先是密封藏茶，这一理念可以说是最实质性的改变，至今一直为茶业所采用，所改变的只有所用器具的材质以及密封的程度而已。

其次是多次烘焙，这一方法至今仍在福建地区茶叶收藏中使用。一些茶类，特别是岩茶，一年或者两三年后会再次烘焙，这样的茶叶可以长年收藏而不会减损品质，有些地区的茶人认为多次焙火甚至还能提升品质。

品名①

名茶各以所产之地②，如叶耕之平园、台星岩，叶刚之高峰青凤髓，叶思纯之大岚，叶屿之眉山，叶五崇林之罗汉山水，叶芽、叶坚之碎石窠、石臼窠（一作突窠），叶琼、叶辉之秀皮林，叶师复、师贶之虎岩，叶椿之无双岩芽，叶懋之老窠园，名擅其门③，未尝混淆，不可概举④。前后争鬻，互为剥窃⑤，参错无据⑥。曾不思茶之美恶⑦，在于制造之工拙而已⑧，岂冈地之虚名所能增减哉⑨。焙人之茶，固有前优而后劣者、昔负而今胜者，是亦园地之不常也⑩。

【注释】

①品名：名茶的名称。

②以：通“有”。

③名擅其门：各自享有自己的声名。名擅，擅名，享有名声。

④概：全部，一律。举：提出，列举。

⑤剥：通“驳”，评断，驳斥。窃：偷盗，侵害，抄袭。

⑥参错：参差交错，交互融合。

⑦曾不：不曾，未曾。

⑧在于：取决于，决定于，表明事物的关键所在。工拙：犹言优劣。而已：助词，表示

云南邦威千年大茶树

仅止于此，犹罢了。

⑨岂：表示疑问或反诘，相当于难道。冈：山岭。地：土地，田地。虚名：没有实际内容或与实际内容不合的名称、名义等。

⑩园地：种植瓜蔬花果的田地。常：固定不变，长久，永远。

【译文】

名茶各有其出产之地，如叶耕之平园、台星岩，叶刚之高峰青凤髓，叶思纯之大岚，叶屿之眉山，叶五崇林之罗汉山水，叶芽、叶坚之碎石窠、石臼窠（一作突窠），叶琼、叶辉之秀皮林，叶师复、师贶之虎岩，叶椿之无双岩芽，叶懋之老窠园，各自享有自己的声名，未曾混杂错乱，无法全部列举。这些名茶前后争相鬻卖，彼此交相驳斥、抄袭，参差交错，没有依据。不曾想茶的好坏，取决于制造的优劣而已，哪里是山岭土地的虚名所能够增减的呢。茶人的茶，固然有前优而后劣、往昔负而今日胜的，这也表明种植出产茶的园地不可能永远固定不变。

【点评】

特殊小品种茶一定和特定生产区域相关联，这是农产品的特性，然而茶的品性又不止于农产品，它又必须经过一定的加工生产，才能形成最终的成品形式，所以加工工艺又是在品种产地、原料前提下的决定因素。这两种因素都起决定作用的事实，使中国茶叶自宋代以来，名茶一直深陷仿制与产地品种保卫战的纠结之中，始终不能走出。到底是坚持名茶产地地理标志认证呢？还是以加工工艺来决定呢？赵佶看到了问题，提出了问题，然而无论是他，还是世世代代的中华茶人、业茶者，都还没能解决这一难题。

外焙

世称外焙之茶，脔小而色驳[①]，体好而味澹，方之正焙[②]，昭然可别。

近之好事者箧笥之中，往往半之蓄外焙之品。盖外焙之家，久而益工制造之妙，咸取则于壑源[3]，效像规模[4]，摹外为正[5]。殊不知，其脔虽等而蔑风骨，色泽虽润而无藏蓄，体虽实而膏理乏缜密之文，味虽重而涩滞乏馨香之美，何所逃乎外焙哉。虽然，有外焙者，有浅焙者。盖浅焙之茶，去壑源为未远，制之能工，则色亦莹白，击拂有度，则体亦立汤，惟甘重香滑之味稍远于正焙耳。至于外焙，则迥然可辨[6]。其有甚者，又至于采柿叶桴榄之萌，相杂而造，味虽与茶相类，点时隐隐有轻絮泛然，茶面粟文不生，乃其验也。桑苎翁曰[7]："杂以卉莽，饮之成病[8]。"可不细鉴而熟辨之？

【注释】

①脔（luán）小而色驳：茶体瘦小，颜色不正。脔，原指切成块状的鱼肉，这里借指制成饼茶的团胯。驳，色彩错杂，混杂不精纯。

②方：比较，对比。正焙：指官方设置的北苑官焙茶园。

③取则：取作准则、规范或榜样。

④效像规模：模仿制茶棬模的样式、图案。

⑤摹外为正：把外焙的茶做成正焙的样子。

⑥迥然：形容差得很远。

⑦桑苎翁：即陆羽。

⑧杂以卉莽，饮之成病：此句为陆羽《茶经·一之源》中语，惟末一句陆羽原文为"饮之成疾"。

【译文】

世间所称为外焙的茶，团胯瘦小颜色不正，外表虽好但滋味淡薄，与北苑正焙的茶相比较，可以非常明白地判别。最近以来，好茶之人的茶箱之中，往往会收藏一半的外焙之茶。大抵外焙茶园的茶家，长久以来越来越掌握制茶的奥妙，都将壑源茶取作准则榜样，模仿制茶棬模的样式、图案，把外焙的茶做成正焙的样子。竟然不知，茶饼的样子虽然相同却没有正焙茶的品质、格调，表面的色泽虽然光润却没有内涵，茶体虽然坚实却缺乏细致的纹理，滋味虽然浓厚却苦涩停滞缺乏馨香之美，哪里能够逃避它们是外焙茶的本质呢。即使如此，正焙之外的茶还是能够区分为外焙茶和浅焙茶。浅焙的茶，因为茶园离壑源不远，如能够精巧制造，茶色也能莹白，点茶时如果击拂合法中度，也能有汤花乳沫，只是甘、香、重、滑的滋味稍逊于正焙之茶罢了。至于外焙之茶，则差别很远，迥然可别。还有更为严重的情况，竟至于采摘柿树的叶子和桴榄初生的芽，与茶叶相杂而制造茶饼，其味道虽然和茶相类似，但点试时隐隐约约有轻似白絮的东西浮

竹林煎茶

起，茶汤表面形不成粟状的花纹，就是明证。桑苎翁陆羽曾说："杂以卉莽，饮之成病。"可以不仔细周详辨别区分么？

【点评】

《外焙》提出的问题，与此前《品名》的问题相类，面对仿制甚至作假的茶叶，最终到底以什么因素来判定呢？是原料的品种、产地呢？还是制造工艺，甚至茶的外在形态？和当今饮茶人的困惑一样，赵佶也给不出客观的标准，只能通过实际的观察和品饮来鉴别。中国茶叶自宋以来的名茶，品名的丰富性与多样性，既造福了饮茶人，也一直困惑着饮茶人。

茶疏

［明］许次纾

许次纾（1549—1604），字然明，号南华，浙江钱塘（今杭州）人。

清厉鹗《东城杂记》载："许次纾……方伯茗山公之幼子，跛而能文，好蓄奇石，好品泉，又好客，性不善饮……所著诗文甚富，有《小品室》、《荡栉斋》二集，今失传。予曾得其所著《茶疏》一卷，论产茶、采摘、炒焙、烹点诸事，凡三十六条，深得茗柯至理，与陆羽《茶经》相表里。"许次纾这个跛足的文人，精心于茶事，深得茗柯之理，罄毕生经验以成《茶疏》。

该书撰于万历二十五年（1597），前有姚绍宪、许世奇一序一引，后有许次纾自跋。全书分为36则（《四库全书总目提要》作39则，《郑堂读书记》作30则），详尽而务实地论及茶事的各个方面，包括品第茶产，炒制收藏方法，烹茶用器、用水、用火及饮茶宜忌等，真知灼见，妙论百出。其中对芥茶之产制，记载尤详。

该书《四库全书总目提要》存目，主要刊本有：（1）万历丁未（1607）许世奇刊本；（2）亦政堂普秘籍本（此据朱自振先生的研究）；（3）《喻政茶书（乙本）》本；（4）《居家必备》本；（5）《欣赏编》本；（6）《广百川学海》本；（7）《说郛》续本；（8）《古今图书集成》本；（9）《古今说部丛书》本；（10）《丛书集成》本。

本书以《喻政茶书（乙本）》本为底本，以《丛书集成》本、《广百川学海》本、《古今说部丛书》本等作参校。

因为本书的体例，底本改动者，一般不出校记。少量重要校勘，在注释中予以说明。

序

陆羽品茶[①]，以吾乡顾渚所产为冠[②]，而明月峡尤其所最佳者也[③]。余辟小园其中，岁取茶租自判[④]，童而白首，始得臻其玄诣[⑤]。武林许然明[⑥]，余石交也[⑦]，亦有嗜茶之癖。每茶期，必命驾造余斋头[⑧]，汲金沙、玉窦二泉[⑨]，细啜而探讨品骘之[⑩]。余罄生平习试自秘之诀[⑪]，悉以相授[⑫]。故然明得茶理最精，归而著《茶疏》一帙[⑬]，余未之知也。然明化三年所矣，余每持茗碗，不能无期牙之感[⑭]。丁未春[⑮]，许才甫携然明《茶疏》见示，且征于梦。然明存日著述甚富，独以清事托之故人，岂其神情所注，亦欲自附于《茶经》不朽与[⑯]？昔巩民陶瓷肖鸿渐像[⑰]，沽茗者必祀而沃之[⑱]。余亦欲貌然明于篇端[⑲]，俾读其书者[⑳]，并挹其丰神可也[㉑]。

万历丁未春日，吴兴友弟姚绍宪识于明月峡中[㉒]。

十竹斋·陆羽像

【注释】

①陆羽：字鸿渐，一名疾，字季疵，号竟陵子、桑苎翁，唐代复州竟陵（今湖北天门）人。幼年为僧收养于佛寺，好学用功，学问渊博，诗文亦佳，且为人清高，淡泊功名。曾诏拜太子太学、太常寺太祝，皆不就。760年隐居浙江苕溪（今浙江湖州），在亲自调查和实践的基础上，认真总结、悉心研究前人和当时茶叶的生产经验，完成创始之作《茶

经》，被尊为“茶神”。

②顾渚：顾渚山，位于浙江湖州长兴水口乡顾渚村，西靠大山，东临太湖，气候温和湿润，土质肥沃，极适茶叶生长，所产贡紫笋茶闻名于世，明陈耀文《天中记》称：“茶生其间，尤为绝品。”顾渚山是茶神陆羽撰写《茶经》的主要地区之一，陆羽并作有《顾渚山记》。冠：超出众人，位居第一。

③明月峡：明月峡在尧市山侧与顾渚山之间。《浙江通志》引《天中记》载：“明月峡，在顾渚侧，二山相对，石壁峭立，大涧中流，茶生其间，尤为绝品。张文规谓：明月峡中茶始生，是也。”

④茶租：茶园主将茶园出租，收取茶叶作为租金报偿。

⑤臻其玄诣：领悟到其中的奥妙。臻，及，达到。《玉篇·至部》：“臻，至也。”玄，深，厚。《说文·玄部》：“玄，幽远也。”诣，（学问等）所到达的境地。

⑥武林：旧时杭州的别称，以武林山得名。宋苏轼《送子由使契丹》诗：“沙漠回看清禁月，湖山应梦武林春。”

⑦石交：深交，厚交。《玉篇·石部》：“石，厚也。”

明唐寅《品茶图轴》（局部）

⑧造：到，去。

⑨汲：从井里提水，也泛指打水。《说文·水部》："引水于井也。"金沙：顾渚山有金沙泉，唐时曾为贡品，《新唐书·地理志》："湖州吴兴郡……土贡紫笋茶……金沙泉。"清同治《长兴县志》："金沙泉在县西北四十五里顾渚山下，唐时以此水造紫笋茶进贡。"玉窦：清同治《长兴县志·泉》："玉窦泉在洛坞，唐罗隐筑室于此。"《舆地纪胜》："在县南六十五里，深广皆二尺，色绀碧，味甘。"

⑩啜（chuò）：食，饮。《尔雅·释言》："啜，茹也。"骘（zhì）：评定，评论。

⑪罄（qìng）：尽，用尽。《尔雅·释诂下》："罄，尽也。"

⑫悉：尽，全。

⑬帙（zhì）：书，书的卷册、卷次。

⑭期牙：指钟子期和俞伯牙。俞伯牙善于弹琴，钟子期善于欣赏。后钟子期因病亡故，俞伯牙悲痛万分，认为知音已死，天下再不会有人像钟子期一样能体会他演奏的意境，于是终生不再弹琴。这里以此喻知音难求。

元王振鹏《伯牙鼓琴图》

⑮丁未：1607年。

⑯附：依傍，依附。

⑰巩（gǒng）：巩县，在今河南省郑州西部、黄河南岸、洛河下游。本句典出唐李肇《唐国史补》卷中："巩县陶者多瓷偶人，号陆鸿渐，买数十茶器得一鸿渐，市人沽茗不利，辄灌注之。"

⑱沽：卖，出售。沃：浇，灌。

⑲貌：描绘。

⑳俾（bǐ）：使。

㉑挹（yì）：引。丰神：风貌神情。南朝陈徐陵《晋陵太守王励德政碑》："丰神雅淡，识量宽和。"

㉒友弟：师长对门生自称的谦词。清钱大昕《恒言录·亲属称谓类》："今友生、友弟之称，惟以施之门下士。"姚绍宪：字叔度，姚一元第三子。以太学谒选，授鸿胪丞。识（zhì）：记载。《汉书·匈奴传上》："于是说教单于左右疏记，以计识其人众畜牧。"颜师古注："识亦记。"

【译文】

陆羽品评茶叶，认为我家乡顾渚产的茶最好，而明月峡的茶又是其中最好的。我在明月峡中开辟了一小块园地，每年都搜集茶来自己评判，从儿时到白头，才开始领悟到在品茶方面的奥妙。武林人许然明，与我交情很深，他也有喝茶的癖好。每年到采茶的季节，他一定会命人驾车来造访我的住所，我们打来金沙泉和玉窦泉的水泡茶，与他细细品尝然后探讨品评。我用尽自己生平对茶的了解及自己归纳的秘诀，全都教授于他。因此然明懂得了茶理中最精华的部分，回去之后就写了《茶疏》一卷，而我并不知道这件事。然明去世已经大概三年了，每当我拿起茶碗，都会有知音难寻的悲伤。丁未年春天，许才甫携带然明的《茶疏》来给我看，并且讲然明托梦给他。然明在世时写的东西很多，唯独将这件清雅之事托付给故人，难道是他精神情感所关注，也想自己的书写得像《茶经》一样不朽么？过去巩县的人烧造陆羽陶瓷像，卖茶的人一定以水浇像而祈祀。我也想在文章开头描绘出然明的容貌，使读他书的人可以感受到他的风貌神情。

万历丁未年（1607）春天，吴兴友弟姚绍宪作于明月峡中。

【点评】

有明一代，茶饮普遍存在于人们的日常生活之中，茶叶种植产地扩大，技术精进，名茶辈出。爱茶文人多深入山间茶园种茶、制茶、品茶，私人茶园兴起，《茶疏》作者许次纾的老师姚绍宪于顾渚明月峡所辟茶园便是其中之一。也正是由于他将多年研习茶事的实践经验悉以相授予许次纾，才直接导致了《茶疏》的诞生。

明代的饮茶方式也迥异于前，改明前的煎点法为瀹饮法。沈德符《野获编补遗》中对此记述："今人惟取初萌之精者，汲泉置鼎，一瀹便暖，遂开千古茗饮之宗。"《茶疏》正是全面反映叶茶瀹泡法的杰作。《茶疏》蕴含了明代精致文化下对原始的质朴状态的追求。

小引[1]

吾邑许然明[2]，擅声词场旧矣[3]。丙申之岁[4]，余与然明游龙泓[5]，假宿僧舍者浃旬[6]。日品茶尝水，抵掌道古[7]。僧人以春茗相佐[8]，竹炉沸声，时与空山松涛响答[9]，致足乐也。然明喟然曰[10]："阮嗣宗以步兵厨贮酒三百斛[11]，求为步兵校尉，余当削发为龙泓僧人矣。"嗣此经年[12]，然明以所著《茶疏》视余，余读一过，香生齿颊，宛然龙泓品茶尝水之致也。余谓然明曰："鸿渐《茶经》，寥寥千古[13]，此流堪为鸿渐益友，吾文词则在汉魏间，鸿渐当北面矣[14]。"然明曰："聊以志吾嗜痂之癖[15]，宁欲为鸿渐功匠也[16]。"越十年，而然明修文地下[17]，余慨其著述零落，不胜人琴俱亡之感[18]。一夕梦然明谓余曰："欲以《茶疏》灾木[19]，业以累子。"余蘧然觉而思龙泓品茶尝水时[20]，遂绝千古，山阳在念[21]，泪淫淫湿枕席也[22]。夫然明著述富矣，《茶疏》其九鼎一脔耳[23]，何独以此见梦？岂然明生平所癖，精爽成厉[24]，又以余为臭味也[25]，遂从九京相托耶[26]？因授剞劂以谢然明[27]。其所撰有《小品室》、《荡栉斋》集，友人若贞父诸君方谋锓之[28]。

丁未夏日，社弟许世奇才甫撰[29]。

【注释】

①小引：底本无，据《丛书集成》本补。

②邑：县，邑里，同乡。

③擅声：享有名声。词场：文坛。旧：长久。

④丙申：1596年。

⑤龙泓：龙井，原名龙泓，晋代葛洪曾在此炼丹。位于西湖西南的风篁岭山，为西湖群山南、北两大支的交接点，这里泉源茂盛，大旱不竭，古人以为龙之所居，三国东吴时即来这里祷雨，"龙井"之名因此而定。五代此地建有龙井寺，北宋时龙井已成为旅游胜地。诗人苏东坡常品茗吟诗于此。龙井泉水清澈甘洌，与虎跑、玉泉合称西湖三大名泉。龙井茶自元末时即已为文人所赞，至明，即成为名茶。

⑥假宿：借宿。浃（jiā）旬：一旬，十天。《资治通鉴·后汉隐帝乾祐三年》："比皇帝到阙，动涉浃旬，请太后临朝听政。"胡三省注："十日为浃旬。"

⑦抵掌：击掌，指人在谈话中的高兴神情，亦因指快谈。道古：称道古代，谈论过去。

⑧佐：辅助，帮助，相伴。

⑨响答：响应，应答。

⑩喟然：形容叹气的样子。

⑪阮嗣宗：阮籍（210—263），字嗣宗，陈留尉氏（今河南尉氏）人，晋竹林七贤之一。

杭州龙井

阮籍好酒，他听说步兵厨营人善酿，于是要求去那里当步兵校尉，遂得“阮步兵”雅号。

⑫嗣：接着，随后。经年：经过一年。

⑬寥寥：形容数量少。千古：久远的年代。

⑭北面：面向北。古礼，臣拜君，卑幼拜尊长，皆面向北行礼，因而居臣下、晚辈之位曰“北面”。这是指许世奇认为许次纾的文词比陆羽好。

⑮志：记录，叙述，写下。嗜痂之癖：原指爱吃疮痂的癖性，后形容怪癖的嗜好。典出《宋书·刘邕传》：“邕所至嗜食疮痂，以为味似鳆鱼。尝诣孟灵休，灵休先患灸疮，疮

痂落床上，因取食之。灵休大惊。答曰：‘性之所嗜。’”后因称怪僻的嗜好为“嗜痂”。嗜，喜爱。痂，疮口结的硬壳。癖，积久的嗜好。

⑯宁（nìng）：宁可，宁愿。全句意为许次纾表示宁愿做对陆羽有贡献的懂茶之人。

⑰修文地下：旧指有才文人早死。典出《太平御览》卷八八三引王隐《晋书》：“韶言天上及地下事，亦不能悉知也。颜渊、卜商今见在为修文郎。”后因以“地下修文”为文士死亡的典故。

⑱人琴俱亡：典出南朝宋刘义庆《世说新语·伤逝》：“王子猷、子敬俱病笃，而子敬先亡……子敬素好琴，（子猷）便径入坐灵床上，取子敬琴弹。弦既不调，掷地云：‘子敬子敬，人琴俱亡！’恸绝良久，月余亦卒。”后因以“人琴俱亡”为睹物思人、痛悼亡友之典。常用来比喻对知己、亲友去世的悼念之情。

⑲灾木：义同“灾梨”，谓刻印无用的书，灾及作版的梨木。常用作刻印己书的谦词。

⑳蘧（qú）然：惊觉。

㉑山阳在念：怀念故友。山阳，一为县名，一为山阳笛的省称。魏晋之际，嵇康、向秀等尝居山阳县（在今河南修武境）为竹林之游，后因以代指高雅人士聚会之地。南朝齐陆厥《奉答内兄希叔》诗：“愧兹山阳燕，空此河阳别。”晋向秀经山阳旧居，听到邻人吹笛，不禁追念亡友嵇康、吕安，因作《思旧赋》。后因以“山阳笛”为怀念故友的典实。

㉒泪淫淫：形容痛哭，泪流满面。

㉓九鼎一脔（luán）：九鼎里的一小块肉。这里形容许然明著作颇多，《茶疏》只是其中很微小的一部分。九鼎，古代象征国家政权的传国之宝，相传为夏禹所铸。脔，小块肉。

㉔精爽：魂魄。厉：无人祭祀之鬼。

㉕臭（xiù）味：比喻同类。《左传·襄公八年》：“季武子曰：‘谁敢哉！今譬于草木，寡君在君，君之臭味也。’”杜预注：“言同类。”

㉖九京：犹九泉，指地下。

㉗剞劂（jī jué）：刻刀，引申为刻印书籍。

㉘锓（qǐn）：刻。

㉙社弟：同社之弟。社，古代地区单位之一。方六里为社。元代五十家为社。《元史·食货志一》："县邑所属村疃，凡五十家立一社，择高年晓事者一人为之长。"

【译文】

我的同乡许然明，过去一直享有文坛的声名。丙申年，我和然明去龙泓游玩，借宿在僧人的房舍有十日之久。我们每天都品尝茶水，融洽地谈论古今。僧人以春茶相伴，竹炉烧水时发出的沸声，时而和空荡寂寥松林的飒飒声交相呼应，得到了充足的乐趣。然明感叹地说：

明仇英《松溪论画图》

"阮嗣宗因为步兵厨贮藏了三百斛酒，请求当步兵校尉，我应当削发为龙泓的僧人了。"此后过了一年，然明把他写的《茶疏》拿给我看，我读了一遍，感觉茶香顿时充斥在唇齿之间，就好像曾经在龙泓品尝茶水的感觉一样。我对然明说："陆羽的《茶经》，千百年间寥寥无几，你的《茶疏》可以成为他的好朋友啊。你的辞采风流是汉魏的风格，陆羽也该自愧不如了。"然明说："《茶疏》只是写下我一些个人癖好，宁愿以之成为对陆羽有贡献的懂茶之人。"经过了十年，然明已经去世，我感慨他的著述散乱，忍不住产生人琴俱亡之感。一天晚上我梦到然明对我说："我想要把《茶疏》刻印成书，这个事情就有劳于你。"我突然醒来，回忆着曾经在龙泓品尝茶水的日子，千古难觅，我怀念着曾经和然明一起的日子，不自觉泪流满面，浸湿了枕席。然明一生著述很多，《茶疏》只是其中很小的一部分而已，为什么仅仅梦到了与它有关的呢？难道是然明平生的癖好，魂魄成精入梦，也因为我和他一样对茶有同好，所以他才从九京地下托梦给我吗？于是我将《茶疏》刊刻成书来缅怀然明。还有他的《小品室》、《荡栉斋》集等，他的朋友若贞父等人也正在谋划刊刻。

丁未年夏天，社弟许世奇才甫撰。

产茶[1]

天下名山，必产灵草[2]。江南地暖[3]，故独宜茶[4]。大江以北，则称六安[5]。然六安乃其郡名，其实产霍山县之大蜀山也[6]。茶生最多，名品亦振[7]，河南、山、陕人皆用之[8]。南方谓其能消垢腻、去积滞[9]，亦共宝爱。顾彼山中不善制造[10]，就于食铛大薪炒焙[11]，未及出釜[12]，业已焦枯[13]，讵堪用哉[14]。兼以竹造巨笥[15]，乘热便贮，虽有绿枝紫笋[16]，辄就萎黄，仅供下食[17]，奚堪品斗[18]。

江南之茶，唐人首称阳羡[19]，宋人最重建州[20]，于今贡茶，两地独多。

阳羡仅有其名，建茶亦非最上，惟有武夷雨前最胜[21]。近日所尚者，为长兴之罗岕[22]，疑即古人顾渚紫笋也。介于山中，谓之岕，罗氏隐焉，故名罗。然岕故有数处，今惟洞山最佳[23]。姚伯道云[24]：明月之峡，厥有佳茗[25]，是名上乘[26]。要之[27]，采之以时[28]，制之尽法[29]，无不佳者。其韵致清远，滋味甘香，清肺除烦，足称仙品[30]。此自一种也。若在顾渚，亦有佳者，人但以水口茶名之，全与岕别矣。若歙之松萝[31]、吴之虎丘[32]、钱塘之龙井[33]，香气秾郁，并可雁行[34]，与岕颉颃[35]。往郭次甫亟称黄山[36]，黄山亦在歙中，然去松萝远甚。往时士人皆贵天池[37]，天池产者，饮之略多，令人胀满。自余始下其品[38]，向多非之[39]。近来赏音者[40]，始信余言矣。浙之产，又曰天台之雁宕、括苍之大盘、东阳之金华、绍兴之日铸[41]，皆与武夷相为伯仲[42]。然虽有名茶，当晓藏制。制造不精，收藏无法，一行出山，香味色俱减。钱塘诸山，产茶甚多。南山尽佳，北山稍劣。北山勤于用粪，茶虽易茁，气韵反薄。往时颇称睦之鸠坑、四明之朱溪[43]，今皆不得入品[44]。武夷之外，有泉州之清源[45]，倘以好手制之，亦是武夷亚匹[46]，惜多焦枯，令人意尽。楚之产曰宝庆[47]，滇之产曰五华[48]，此皆表表有名[49]，犹在雁茶之上。其它名山所产，当不止此，或余未知，或名未著，故不及论。

【注释】

①茶：植物名，山茶科，多年生深根常绿植物。有乔木型、半乔木型和灌木型之分。叶子长椭圆形，边缘有锯齿。秋末开花。种子棕褐色，有硬壳。嫩叶加工后即为可以饮用的茶叶。

②灵草：有灵性的植物，这里指茶。元代王祯《农书·百谷谱十·杂类·茶》：“夫茶，灵草也。种之则利博，饮之则神清，上而王公贵人之所尚，下而小夫贱隶之所不可阙。诚生民日用之所资，国家课利之一助也。”

③江南：长江以南地区。唐贞观年间分天下为十道，江南道为其中之一，因在长江之南而名。其辖境相当于今浙江、福建、江西、湖南等省，江苏、安徽的长江以南地区，以及湖北、四川长江以南一部分和贵州东北部地区。狭义的江南，则是指长江中下游江苏、安徽的长江以南地区。

④独：独特，特别。

⑤六（lù）安：六安州，位于安徽省西部，长江与淮河之间，大别山北麓。此处指六安茶。

⑥霍山县：霍山县位于安徽省西部，大别山北麓。大蜀山：霍山县境内的大蜀山不详，有人以为当是“大别山”。

⑦振：同“震”，名声振动。

⑧河南：今河南省，位于中国中东部，因大部地区在黄河以南，故名河南。河南是古代中国九州中的豫州，所以简称“豫”。山：今山西省。陕：今陕西省。

⑨垢腻：犹污垢，多指黏附于人体或物体上的不洁之物。积滞：食积不化所致的一种脾胃病证。

⑩顾：但是。

⑪铛（chēng）：古代的锅，有耳和足，用于烧煮饭食等，以金属或陶瓷制成。《太平御览》卷七五七引汉服虔《通俗文》：“鬴有足曰铛。”薪：柴火。焙：用微火烘。

⑫釜（fǔ）：古炊器，敛口圜底，或有二耳。有铁制、铜

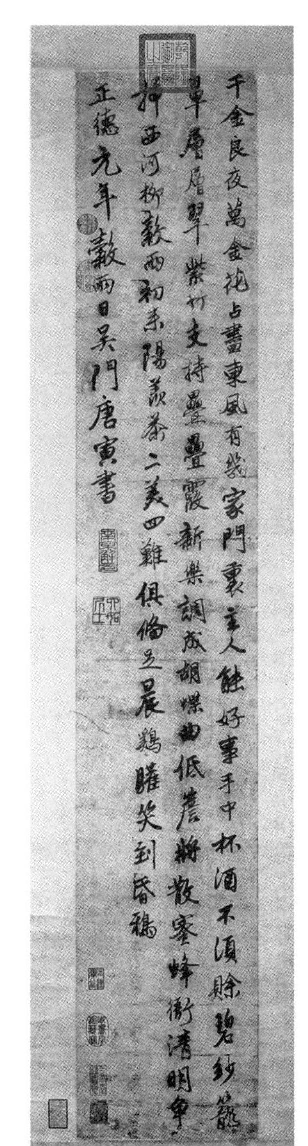

明唐寅七言律诗《谷雨初来阳羡茶》

子禾子铜釜

制或陶制。

⑬业：既，已经。

⑭讵（jù）：表反问，相当于“怎么”，“难道”。堪：胜任。

⑮笱（gǒu）：竹制的捕鱼器具，鱼笼。

⑯紫笋：紫笋茶，产于今浙江长兴县水口乡顾渚村。唐代为贡茶，每年分五批急程贡往长安。陆羽在《茶经》中言茶叶“紫者上，笋者上，野者上”，就是对紫笋茶的评价。

⑰下食：低档次的饮食。

⑱奚：疑问词，犹何。品斗：品评斗茶。品，衡量，评论。斗，斗茶。

⑲阳羡：江苏宜兴的古称。宜兴铜棺山，即古阳羡。所产茶被茶神陆羽评为“芳香甘辣，冠于他境”，建议地方官员上贡，为唐代最早的官制贡茶，极为时重。此后因产量不敷入贡，始有湖州顾渚分山析造。

⑳建州：福建建州，明洪武元年（1368）为建宁府，属福建布政使司。首府建州在今福建建瓯。其地产茶，号建茶，北宋初期的太平兴国二年（977），宋太宗下诏令建安北苑造茶进贡，此后即成定制，由福建路转运使专门负责每年督造贡茶进贡。

㉑武夷雨前：武夷山雨前茶。武夷，武夷山，位处中国福建西北部，江西东部，福建与江西交界处。所产茶在宋代即已著名，至元代成为官焙御茶园所在。明以后至今，武夷山一直是中国的名茶产区。雨前，谷雨前，指雨前茶。

㉒罗岕（jiè）：茶名。产于浙江长兴，又称岕茶，是明清时的贡茶。

㉓洞山：位于长兴县城西北9公里的白岘乡罗岕村。

㉔姚伯道：姚绍科，字伯道，姚一元长子，姚绍宪哥哥。据冯梦祯《快雪堂日记》载：庚子（1600）九月二十四日，"晚到长兴进西门，泊舟姚氏水次"，二十五日，"晴。早起，早姚伯道之丧，诸姚皆来迎，饭于伯道临云阁"。

㉕厥：助词，位于句首。

㉖上乘：上品，上等。

㉗要之：总之。

㉘以时：按一定的时间，及时。

㉙尽法：完全依照法式。

㉚仙品：稀有罕见的非凡之品。

㉛歙（shè）：歙县，位于安徽省东南部。松萝：松萝茶，产于松萝山，明清以来的名茶。松萝山位于休宁城北约15公里，与琅源山、天宝山、金佛山相望。明代袁宏道《龙井》有"近日徽人有送松萝茶者，味在龙井之上，天池之下"的记述。明代谢肇淛《五杂俎》云："今茶品之上者，松萝也，虎丘也，罗岕也，龙井也，阳羡也，天池也。"清代冒襄《岕茶汇抄》云："计可与罗岕敌者，唯松萝耳。"清代江登云《素壶便录》中亦云："茶以松萝为胜，亦缘松萝山秀异之故。山在休宁之北，高百六十仞，峰峦攒簇，山半石壁且百仞，茶柯皆生土石交错之间，故清而不瘠，清则气香，不瘠则味腴。而制法复精，故胜若地处产也。"又云："徽茶首推休宁之松萝，谓出诸茶之上，夫松萝妙矣。"

㉜吴：吴郡，苏州，春秋时为吴国都。虎丘：虎丘茶。

㉝钱塘：钱塘县，南朝时改钱唐县置，隋开皇十年（590）为杭州治，大业初为余杭郡治，唐初复为杭州治，在今浙江杭州。龙井：龙井茶。

㉞雁行：同列，同等。

㉟颉颃（xié háng）：不相上下，相抗衡。

㊱郭次甫：明穆宗隆庆年间著名隐士，五游山人。亟：副词，屡次，一再。称：扬也，

明仇英《竹林品古》

颂扬。黄山：黄山茶。

㊲天池：天池茶，产于苏州天池山，天池山位于苏州西南15公里藏书镇境内，与姑苏名山天平山、灵岩山一脉相连，是浙江天目山的余脉。

㊳下其品：降低它的品级。

㊴向多非之：向来人们大多否定我的看法。

㊵赏音：知音。

㊶天台：天台山位于浙江天台城北，属仙霞岭分支，景色古、清、奇、幽。天台是中国最早产茶地之一。雁宕：雁荡山，位于浙江温州东北部海滨。括苍：括苍山，在浙江省东南部，东北—西南走向，绵延瓯江、灵江间，由花岗岩及流纹岩构成。大盘：大盘山，位于盘安县城与大盘镇之间，南接仙霞岭，北连天台山、四明山。东阳：位于浙江省中部。金华：金华山，位于金华城北。绍兴：绍兴市，旧称会稽、山阴，简称越，是浙江的文化中心之一。日铸：山名，在浙江绍兴，以产茶著称，所产之茶即以"日铸"为名。据北宋杨彦龄《杨公笔录》中说："会稽日铸山，茶品冠江浙。世传越王铸剑，他处皆不成，至此一日铸成，故谓之日铸。"

㊷伯仲：不相上下的事物。王羲之《与谢安书》："蜀中山水，如峨眉山夏含霜雹，昆仑之伯仲也。"

㊸睦：睦州，隋置，在今浙江淳安西。鸠坑：鸠坑茶，产于浙江淳安鸠坑源。五代毛文锡《茶谱》记其"睦州之鸠坑极妙"。四明：浙江宁波的别称，以境内有四明山得名。朱溪：朱溪茶。

㊹入品：列入等级，多指达到一定的标准规格。

㊺泉州：又称鲤城、刺桐城、温陵，在今福建泉州。清源：清源山，位于泉州北郊，故俗称北山。

㊻亚匹：同一流。

㊼楚：初为春秋时楚地，湖北和湖南都曾在其辖境之内，因而皆以其为别称，湖北称

荆楚，湖南称湘楚。宝庆：宝庆府，湖南邵阳旧称，南宋宝庆元年（1225），理宗赵昀登极，升其曾领防御使的封地邵州为宝庆府。

㊽滇：古族名，在今云南省东部滇池附近地区，也作云南省的简称。五华：五华山，在云南昆明市区北部，为昆明市区最高峰，为云南昆明主山蛇山余脉。蛇山从昆明东北方向南下，九起九伏，至螺峰山顿开玉屏，再前则脉分五支，吐出五华秀气，因称“五华”。

㊾表表：卓异，特出。唐韩愈《祭柳子厚文》：“子之自著，表表愈伟。”

【译文】

天下名山，必产名茶。江南地区气候温暖，所以特别适宜产茶。而长江以北以产茶出名的地方则是六安。但六安是郡的名称，真正产地在霍山县的大蜀山。产茶最多，名气大，河南、山西、陕西的人们都喜爱喝六安茶。南方的人们认为六安茶能消除垢腻、去积滞，也都很喜爱六安茶。只是大蜀山中人们不善于制茶，把茶放在食铛中用大火炒焙，还没到出锅，就已经焦枯了，还怎么能食用呢？加上炒完的茶乘着热气尚未消散就在竹造的巨笥贮藏，即使绿枝紫笋质地上乘的茶，也因为制造不善、贮藏不当而变质萎黄，仅能作为低档次的饮食之用，又怎么能够用来品赏斗茶呢？

江南所产的茶，唐代人首称阳羡茶，宋代人最看重建州的茶，到现在的贡茶，阳羡和建州两地特别多。阳羡茶只是有其名气，建州茶也不是最上品的，只有武夷的谷雨前采的茶最好。现在所推崇的，是长兴的罗岕茶，疑是古人所说的顾渚紫笋。在两山之间的地块，称之为岕，罗氏在那儿隐居，所以命名为罗。但产岕茶的地方有好几处，现在只有洞山所产的最好。姚伯道说：明月峡里产的好茶，称得上是上乘好茶。总之，只要按时采摘，用最好的方法制茶，就没有不是好茶的。茶味清香悠远，滋味芬芳回甘，清肺除烦，完全称得上是仙品。这自然算得上是一种。如果在顾渚，也有好茶，但人们仅仅用水口茶命名它，完全与罗岕所产之茶不一样了。如歙县的松萝茶、吴地的虎丘茶、钱塘的龙井茶，香气浓郁，都可以与岕茶并驾齐驱，并与之抗衡了。过去郭次甫一再称扬黄山所产之茶，黄山也在歙中，但与松萝茶相差很远。过去士人都崇尚天池茶，天池所产之茶，略多饮一点，便让人产生饱胀的感觉。从我开始看低这种茶的品级，过去人们大多否定我的看法。近来有知音同好开始认同我的看法了。浙江所产的茶，还有天台的雁宕、括苍的大盘、东阳的金华、绍兴的日铸，都与武夷茶不相上下。但虽有名茶，还应该通晓如何收藏制作。制作方法不精良，收藏不得法，一旦出山，香味颜色都减损了。钱塘诸山，产茶特别多。南面的山产的茶都很好，而北面的山的品质就稍差。北山用粪多，茶虽然容易茁壮生长，但气韵反而淡了。过去颇为称颂的睦州鸠坑、四明朱溪，现在都不入流。武夷之外，还有泉州的清源茶，若以好的方法制作，也能成为武夷茶同一流的茶，可惜的是这种茶大多制作焦枯了，令人失望。楚地所产叫宝庆茶，云南所产为五华茶，这些茶都名声卓异，名声还在雁荡茶之上。其他名山所产之茶，应当不止这些，或者是我不知道，或者名声不显赫，所以没有谈论到。

【点评】

明人专注于茶的内在品质，对茶色、香、味、形永无止境的追求，促使明人不断去找寻更多的茶叶种类来满足饮品的要求。本节中记载的散茶名目大约有三十来种。许次纾尤其推崇岕茶和武夷茶。尤其是岕茶，“其韵致清远，滋味甘香，清肺除烦，足称仙品”。岕茶在明代大放异彩，今日可见之岕茶专著就有熊明遇著《罗岕茶记》、周高起著《洞山岕茶系》、冯可宾著《岕茶笺》、冒辟疆著《岕茶汇抄》四部。“箬叶数筐书五尺，岕茶新寄自吴侬。”（袁宏道《和江进之杂咏》）在明代茶书中推崇岕茶的就有二十九种之多。岕茶引起明人重视，《茶疏》也对它采制工艺与品饮方法的特殊性专门加以论述。

许次纾清楚地意识到：有了好茶，要维持茶叶的色香味品质，收藏有法尤其重要。“然虽有名茶，当晓藏制。制造不精，收藏无法，一行出山，香味色俱减。”旗帜鲜明地将茶叶的收藏提高到与制造同等重要的地位。

今古制法

古人制茶，尚龙团凤饼[①]，杂以香药。蔡君谟诸公[②]，皆精于茶理[③]，居恒斗茶[④]，亦仅取上方珍品碾之[⑤]，未闻新制。若漕司所进第一纲名北苑试新者[⑥]，乃雀舌、冰芽所造[⑦]。一銙之直至四十万钱[⑧]，仅供数盂之啜[⑨]，何其贵也。然冰芽先以水浸，已失真味，又和以名香，益夺其气[⑩]，不知何以能佳。不若近时制法，旋摘旋焙[⑪]，香色俱全，尤蕴真味[⑫]。

【注释】

①尚：尊崇，崇尚，爱好。龙团凤饼：北宋贡茶。在北宋初期的太平兴国二年

朝奉郎右正言同修起居注臣蔡襄上進

臣前因奏事伏蒙

陛下諭臣先任福建轉運使日所進上品龍茶最為精好臣退念草木之微首辱

陛下知鑒若處之得地則能盡其材昔陸羽茶經不第建安之品丁謂茶圖獨論採造之本至於烹試曾未有聞臣輒條數事簡而易明勒成二篇名曰茶錄伏惟

清閒之宴或賜觀采臣不勝惶懼榮幸之至

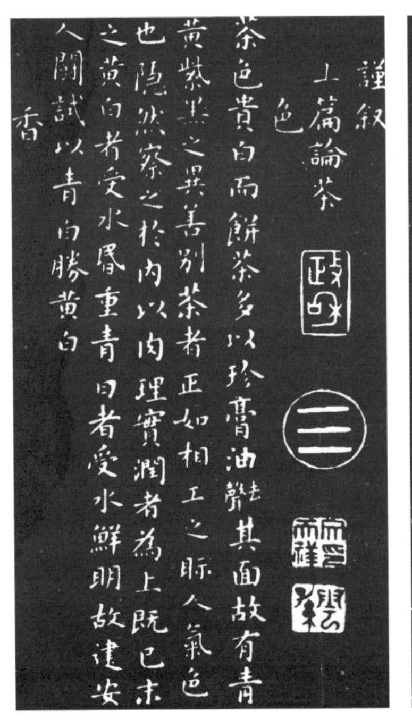

謹敘

上篇論茶

色

茶色貴白而餅茶多以珍膏油其面故有青黃紫黑之異善別茶者正如相工之視人氣色也隱然察之於內以肉理實潤者為上既已末之黃白者受水昏重青白者受水鮮明故建安人鬭試以青白勝黃白

香

宋蔡襄《茶录》

（977），宋太宗遣使至建安北苑（今福建建瓯东峰镇），监督制造皇家专用茶，因专用棬模上有龙凤图案，即称为龙凤茶。

②蔡君谟：蔡襄（1012—1067），字君谟，原籍福建仙游枫亭，后迁居莆田，天圣八年（1030）进士，先后在宋朝中央政府担任过馆阁校勘、知谏院、直史馆、知制诰、龙图阁直学士、枢密院直学士、翰林学士、三司使、端明殿学士等职，并出任福建路转运使，知泉州、福州、开封和杭州府事。卒赠礼部侍郎，谥号忠。学识渊博，书艺高深，为宋“苏、黄、米、蔡”四家之一。蔡襄在福建路转运使任上精心创制了小龙团茶，所作《茶录》为记录宋代点茶法的重要茶书之一，并亲自多次小楷书写。《茶录》与蔡襄的书法一起流传，为宋代茶业与茶文化的发展奠定了深厚的基础。

宋刘松年《斗茶图》

③茶理：茶的道理和学问。

④斗茶：又称“茗战”，始于唐末五代建州地区，唐冯贽《记事珠》记“建人谓茗战为斗茶”。宋代的斗茶分两类，一是建州地区制茶人品评竞赛所制茶品的高下，一是饮茶人的雅玩；斗茶的内容包括斗色斗浮、斗味斗香。

⑤上方：同“尚方”，泛指宫廷中主管膳食、方药的官署。《明史·徐阶传》：“帝察阶勤……召直无逸殿，与大学士张治、李本俱赐飞鱼服及上方珍馔。”

⑥漕司：宋代转运使司的简称，又称“漕台”，此处指福建路转运使。宋初设随军转运使供办军需，太宗以后，转运使渐成各路长官，掌管一路财赋，并监察各州官吏、兼理民生疾苦等。宋代督造北苑贡茶并上供，是福建路转运使的特别职责之一。第一纲：指宋代建州北苑官焙茶园每年第一批的贡茶。纲，宋代官府水陆运输，以一定数额的同类物资，组成一纲，进行运输，称为纲运。据南宋赵汝砺《北苑别录》，北苑贡茶每年分十批次进贡。其中第一纲、第二纲因为早而少，每纲都只有一款贡茶。北苑试新：即龙焙试新，又称试新铸，北宋徽宗大观二年诏造。据宋姚宽《西溪丛语》卷上记曰：“茶有十纲，第一、第二纲太嫩，第三纲最妙，自六纲至十纲，小团至大团而止。第一名曰试新，第二名曰贡新。”第一纲唯一一款茶为龙焙试新。不过至南宋后期赵汝砺撰《北苑别录》时，龙焙试新又变为第二纲唯一的一款贡茶。

⑦雀舌：如雀舌般细嫩的茶芽。宋沈括《梦溪笔谈·杂志一》：“茶芽，古人谓之‘雀舌’、‘麦颗’，言其至嫩也。”亦为以嫩芽焙制的上等茶茶名。唐刘禹锡《病中一二禅客见问因以谢之》诗：“添炉烹雀舌，洒水净龙须。”冰芽：实为“水芽”之误，是宋代北苑官焙制茶时所选用的最细嫩的茶芽。据熊蕃《宣和北苑贡茶录》水芽由宣和二年时任福建路转运使的郑可简所创：“将已拣熟芽再剔去，只取其心一缕，用珍器贮清泉渍之，光明莹洁，若银线然”，所造称银线水芽，此后第一纲龙焙贡新，第二纲龙焙试新，第三纲龙园胜雪、白茶，共四款最最上品贡茶皆用水芽制造。姚宽《西溪丛语》卷上记：“龙园胜雪、白茶二种，谓之水芽。先蒸后拣，每一芽先去外两小叶，谓之乌带；又次取两嫩叶，谓

之白合；留小心芽，置于水中，呼为水芽。”

⑧銙（kuǎ）：古代附于腰带上的扣版，作方、椭圆等形，宋代用以作计量团茶的量词；又用以指称片茶、团茶、饼茶。

三彩小盂

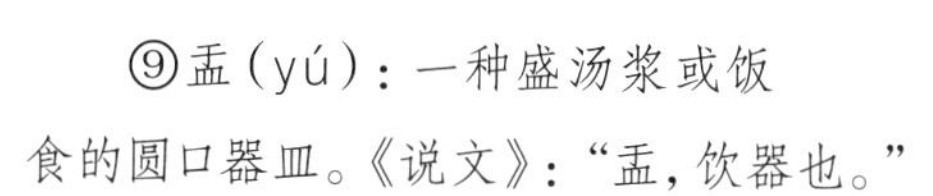

⑨盂（yú）：一种盛汤浆或饭食的圆口器皿。《说文》：“盂，饮器也。”

⑩夺：使失去，使丧失。

⑪旋：立即。

⑫蕴：积聚，蓄藏。真味：本真之味。

【译文】

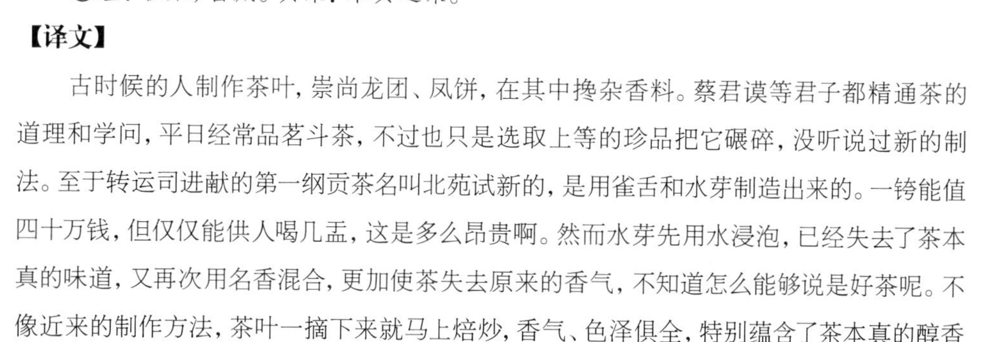

古时候的人制作茶叶，崇尚龙团、凤饼，在其中搀杂香料。蔡君谟等君子都精通茶的道理和学问，平日经常品茗斗茶，不过也只是选取上等的珍品把它碾碎，没听说过新的制法。至于转运司进献的第一纲贡茶名叫北苑试新的，是用雀舌和水芽制造出来的。一銙能值四十万钱，但仅仅能供人喝几盂，这是多么昂贵啊。然而水芽先用水浸泡，已经失去了茶本真的味道，又再次用名香混合，更加使茶失去原来的香气，不知道怎么能够说是好茶呢。不像近来的制作方法，茶叶一摘下来就马上焙炒，香气、色泽俱全，特别蕴含了茶本真的醇香韵味。

【点评】

从表面上看，推动明代饮茶方式变化的直接动力，源于洪武二十四年（1391）九月明太祖朱元璋的一道诏令：“诏建宁岁贡上供茶，听茶户采进，有司勿与……帝以重劳民力，罢造龙团，惟采茶芽以进。”自此团茶废除，改贡叶茶。然而更深层次的原因则是茶饼的制作不仅损伤了茶叶的自然之性，而且工艺和饮用时的繁琐使饮茶日渐脱离人们的日常生活，成为了一种人为的桎梏。所以许次纾在第一次指出了古人“先以水浸，已失真味，又和以名香，益夺其气，不知何以能佳。不若近时制法，旋摘旋焙，香色俱全，尤蕴真味”。散茶经炒青、烘焙后不添加其他的佐料而直接冲泡饮用，茶自身的口感、香气就可以免受外来添加物质的侵扰，使其本性、真味得到充分发挥。这种回归茶性的自然的需求与帝王的倡导，使明代茶叶走上了一条豁然开朗的道路：对茶内在品质的不懈的追求。

采摘

清明、谷雨[1]，摘茶之候也。清明太早，立夏太迟[2]，谷雨前后，其时适中。若肯再迟一、二日期[3]，待其气力完足，香烈尤倍，易于收藏。梅时不蒸[4]，虽稍长大，故是嫩枝柔叶也[5]。杭俗喜于盂中撮点[6]，故贵极细。理烦散郁，未可遽非[7]。吴淞人极贵吾乡龙井[8]，肯以重价购雨前细者，狃于故常[9]，未解妙理。岕中之人，非夏前不摘。初试摘者，谓之开园。采自正夏[10]，谓之春茶。其地稍寒，故须待夏，此又不当以太迟病之[11]。往日无有于秋日摘茶者，近乃有之。秋七、八月，重摘一番，谓之早春。其品甚佳，不嫌少薄[12]。他山射利[13]，多摘梅茶。梅茶涩苦，止堪作下食[14]，且伤秋摘，佳产戒之。

【注释】

①清明：二十四节气之一，每年公历4月5日或6日。《月令七十二候集解》说：“三月节……物至此时，皆以洁齐而清明矣。”故“清明”有冰雪消融，草木青青，天气清澈明朗，万物欣欣向荣之意。谷雨：二十四节气之一，每年公历4月20日前后。谷雨源自古人“雨生百谷”之说，指雨水增多，同时因为“清明断雪，谷雨断霜”，谷雨节气的到来意味着寒

潮天气基本结束，气温回升加快，大大有利于谷类等农作物生长。

②立夏：二十四节气之一，每年5月5日或6日。立夏表示夏天的开始，炎暑将临，雷雨增多，农作物进入旺季生长。

③期：疑为衍字。

④梅时：梅雨时节。指中国长江中下游地区、江淮流域，每年6月中下旬至7月上半月之间持续天阴有雨的气候现象，此时正是江南梅子的成熟期，所谓“黄梅时节家家雨”，故称其为“梅雨”。蒸：热。

⑤故：副词，还是，仍然。

⑥撮点：即“撮泡”法，明代杭州的一种泡茶方法。《通俗编·饮食》引《禅寄笔谈》：“杭俗用细茗置瓯，以沸汤点之，名为撮泡。”

⑦遽：急速，仓猝。非：否定。

⑧吴淞：在上海市北部，黄浦江注入长江口（即吴淞口）的西侧。

⑨狃（niǔ）于故常：因袭了过去的做法。狃，因袭，拘泥。

⑩正夏：农历四月的一种叫法。

⑪病：以……为诟病。

⑫嫌：厌恶，不满意。少薄：产量微薄。

⑬他山：其他的茶山。射：谋求，逐取。

⑭止：通“只”，只是，仅仅。

【译文】

清明、谷雨时节，都是采摘茶叶的时候。清明节太早，立夏又太迟，谷雨前后的这段时间，刚好合适。如果愿意再晚一两天，等到茶叶茶力十足韵味饱满，香气特别浓烈，容易收集贮藏。梅雨时节天气不太热，即使叶片稍微长大些，仍然是柔嫩的枝叶。杭州旧俗用细茗置盂中，用沸汤点泡，所以茶叶以极细嫩为好。饮之清除烦闷发散郁结的气息，不能草率就否定它。吴淞人极其看重我自己家乡的龙井茶，愿意用高价购买下谷雨之前采摘的细叶，这是受传统习惯的影响，不能理解其中奥妙的道理。岕中的人们，不是立夏之前就不采摘茶叶。第一次尝试采摘茶叶，称作开园茶。正夏四月采摘的茶，称作春茶。因为岕中气候稍微有些寒冷，所以须要等到夏天才采摘，这就不能认为摘得太迟。以前是没有人在秋天采茶的，近来刚刚才有。在秋天的七、八月份，重新采摘一番，称它为早春茶。由于它的品质非常好，就不介意它的产量微薄。其他的茶山为了谋利，多在梅雨季节就提前采摘。梅茶苦涩，只能充当低档的饮食，况且不利于秋天的采摘，若想要有良好的收成就不能这么做。

【点评】

直接饮用叶茶使明人更注重对茶叶滋味的保全，生长发育成熟的芽叶不仅味道丰满而且便于收藏，这就需要给予茶树足够的生长时间。一般认为茶叶在春天清明到谷雨这个阶段采摘为佳，尤其在宋代采茶攀早竞先，明前茶倍受追捧。而许次纾却认为应该在谷雨后一两天再摘，这样茶的香气才充足。而岕茶则“非夏前不摘”，而且采茶季节逐渐延长，不但有春夏茶而且也有秋茶，品质都非常好。

炒茶

生茶初摘，香气未透，必借火力，以发其香。然性不耐劳[①]，炒不宜久。多取入铛[②]，则手力不匀，久于铛中，过熟而香散矣。甚且枯焦[③]，尚堪烹点[④]。炒茶之器，最嫌新铁[⑤]。铁腥一入，不复有香。尤忌脂腻[⑥]，害甚于铁，须豫取一铛[⑦]，专用炊饭，无得别作他用。炒茶之薪，仅可树枝，不用干叶。干则火力猛炽[⑧]，叶则易焰易灭。铛必磨莹[⑨]，旋摘旋炒。一铛之内，仅容四两[⑩]。先用文火焙软，次加武火催之。手加木指[⑪]，急急钞转[⑫]，以半熟为度。微俟香发，是其候矣。急用小扇钞置被笼[⑬]，纯绵大纸衬底燥焙[⑭]，积多候冷，入罐收藏。人力若多，数铛数笼。人力即少[⑮]，仅一铛二铛，亦须四五竹笼。盖炒速而焙迟[16]，燥湿不可相混，混则大减香力。一叶稍焦，全铛无用。然火虽忌猛，尤嫌铛冷，则枝叶不柔。以意消息[17]，最难最难。

【注释】

①劳：烦多，此处指多炒而受热时间太长。

②铛（chēng）：古代的锅，有耳和足，用于烧煮饭食等，以金属或陶瓷制成。《太平御览》卷七五七引汉服虔《通俗文》："鬴有足曰铛。"

③甚且：甚至。

④尚：尚且，还。烹点：煮茶或沏茶。

⑤嫌：避忌。《公羊传》："贵贱不嫌同号，美恶不嫌同辞。"

⑥脂腻：油腻，油脂。晋左思《娇女诗》："脂腻漫白袖，烟熏染阿锡。"

⑦豫：预先，事先做准备。《尔雅·释言》："豫，早也。"

⑧猛炽：炽盛猛烈。

⑨莹：光洁明亮。

⑩两：重量单位。古制二十四铢为一两，十六两为一斤。今市制折合国际单位制0.05千克，十钱一两，十两一斤。亦有以十六两为斤。

⑪木指：用竹木制作的指套。

⑫钞：同"抄"，抄起。

炒茶锅

⑬被笼：放置被物的竹箱。疑当为“焙笼”，焙茶笼。

⑭焙：用微火烘烤。

⑮即：假若。

⑯盖：连词，承接上文，表示原因。

⑰意：料想，猜想。消息：变化。

【译文】

新鲜的茶叶刚摘下来，香气还没有显露出来，一定要借用火力焙炒，来催发它的香气。然而茶叶本性不耐热，不适宜炒的时间过长。铛中茶叶放入多了，那么用手的力气就不容易翻炒均匀，长时间放在铛中，炒得过熟茶就会香味散失，甚至接近干枯变黄变脆，还怎么能再经受冲泡。炒茶所用的器具，最忌讳的是新铁。铁腥味一旦进入茶叶，茶香就不会再有了。尤其忌讳的是油脂，对茶味的伤害比铁还要严重。必须事先准备一铛，专门用来做饭，不能做其他的用途。炒茶所用的薪柴，只可用树枝，不能用树干、树叶。树干的火力强烈，树叶容易燃烧也容易熄灭。铛一定要磨得光洁明亮，茶叶摘下就立即炒制。一个铛里面，只能放入四两茶叶。先用小火将茶叶炒软，然后加到大火催熟。手戴上木指，快速地进行翻炒，以达到半熟为度。等到香气微微散发出来，就是合适的时候了。赶快地用小扇子将茶抄取到焙茶笼中，用纯棉大纸做衬垫垫在底部，用微火烘烤干燥，逐渐积累增多，等到冷却，放入罐子来收藏。人手如果足够，就用数铛数笼同时炒焙。人手少的话，只是一二铛炒茶，也需要四五个竹笼来焙茶。因为炒得快而烘烤得慢，干燥的和湿润的茶

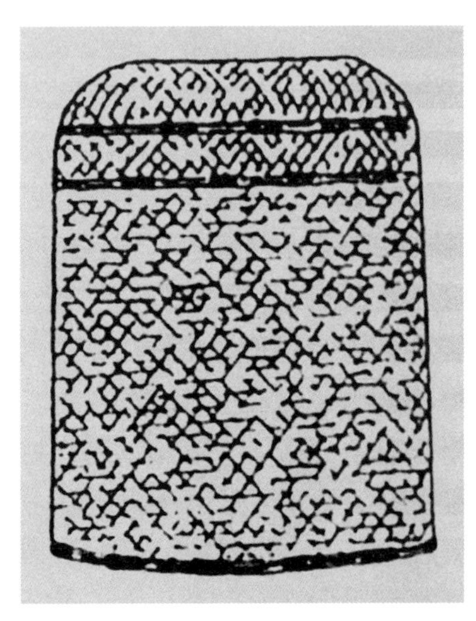

茶焙笼

叶不可以相互混合，混合了就会大大减损茶叶的香气。一片茶叶稍稍焦枯，整铛的茶叶就都不能用了。虽然炒制的时候火禁忌猛烈，但铛的温度也不能够不够高，那样茶叶就不会变柔软。这样估计温度的变化，才是最难的。

【点评】

“旋摘旋焙”的炒青绿茶最能满足明人保求茶的真味的需求。而“生茶初摘，香气未透，必借火力，以发其香”，这就对炒青技艺提出了较高的要求。如何使茶中含有的芳香物质得到不同程度的转换，获得层次多样且富于变幻的香气？许次纾从茶叶、锅、火、炒制手法入手，为炒青工艺技艺的成熟提供了宝贵的经验。本节详细地记载了炒青茶的步骤和要领，对技术细节作了说明和规范：尤其是认识到茶叶对油腥味的吸附作用，为了避免杂入异味，强调炒茶锅要专用，久用的熟锅才能保障茶叶的原香；投茶的数量较之张源的“一斤半”减少，“一铛之内，仅容四两”，这样能使茶受热均匀，便于翻炒；此外火候是最难把握的，为便于调节火温高低，控制加热的稳定性，“仅可树枝，不用干叶”；炒制过程中“先用文火焙软，次加武火催之”，通过温度控制进行高温杀青，才能够保证绿茶的色、香、味。

岕中制法①

岕之茶不炒，甑中蒸熟②，然后烘焙。缘其摘迟，枝叶微老，炒亦不能使软，徒枯碎耳。亦有一种极细炒岕，乃采之他山炒焙，以欺好奇者③。彼中甚爱惜茶，决不忍乘嫩摘采④，以伤树本。余意他山所产，亦稍迟采之，待其长大，如岕中之法蒸之，似无不可。但未试尝，不敢漫作⑤。

【注释】

①岕（jiè）：这里指浙江长兴罗岕。

②甑（zèng）：蒸食炊器。古代的甑，底部有许多透蒸气的小孔，置于鬲或鍑上蒸煮，有如现代的蒸锅。古用陶制，殷周时代有以青铜制，后多用木制。

③欺：欺骗。《说文》：“欺，诈欺也。”

④决：副词，表示肯定，相当于“必定”，“一定”。

⑤漫：随便，随意。唐杜甫《闻官军收河南河北》：“漫卷诗书喜欲狂。”

【译文】

岕中这个地方的茶叶不用炒，放到甑中蒸熟后，然后在焙中烘烤。因为茶叶摘得时间迟，枝叶稍微有些老，炒也不能使它变软，只使它干枯破碎而已。又有一种很细的炒制茶，是采摘其他山间的茶叶炒制而成，用来欺骗那些喜好奇异事物的人。岕中的人特别爱惜茶叶，一定不愿意乘着茶叶还嫩的时候采摘，认为那样会伤害茶树根本。我猜想其他茶山出产的茶叶，也可以稍微延迟摘采，等到它们长大，用类似于岕中的方法来蒸，似乎也不是不可以的。但我没有尝试过，不敢随意乱写。

【点评】

岕茶独步于明，制法别于一般茶品。“岕之茶不炒，甑中蒸熟，然后烘焙”。在“炒青”盛行的明代，却偏偏采用“蒸青”制法的原因是：“缘其摘迟，枝叶微老，炒亦不能使软，徒枯碎耳。”根据原料的适制性而采用合适的制造方法，体现了明代制茶理论的科学和技术的进步。

收藏

收藏宜用瓷瓮[①]，大容一二十斤，四围厚箬[②]，中则贮茶。须极燥极新，专供此事，久乃愈佳，不必岁易。茶须筑实[③]，仍用厚箬填紧，瓮口再加以箬，以真皮纸包之，以苎麻紧扎[④]，压以大新砖，勿令微风得入，可以接新⑤。

北宋定窑盖罐

【注释】

①瓮：一种盛水或酒等的陶器。

②箬（ruò）：一种竹子，叶大而宽，此处指箬叶。

③筑：塞，装填。

④苎（zhù）麻：多年生宿根性草本植物，原产于中国西南地区，是重要的纺织纤维作物。也称白叶苎麻。其单纤维长，强度最大，吸湿和散湿快，是中国古代重要的纤维作物之一。

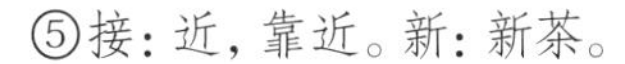

⑤接：近，靠近。新：新茶。

【译文】

茶叶的收藏适宜用瓷瓮，较大的可以装下一二十斤，四周围上厚厚的箬叶，中间就贮藏茶叶。必须是非常干燥非常崭新的瓷瓮，专门用来藏茶，用的时间越久越好，不用每年更换。茶叶必须填塞坚实，仍旧用厚厚的箬叶填紧，瓮口再加上一层箬叶，再用真皮纸包裹起来，用苎麻绳紧紧扎住，再把大块的新砖压在上面，不要让一点空气进入，这样储藏的茶叶就跟新茶很接近了。

【点评】

明人所饮条形散茶，容易接触空气受潮。要保持茶原有味道，不发霉变质，茶叶的贮藏就显得尤为重要。茶叶的密封保存成为明茶事重中之重，方法也层出不穷。明代贮茶，采用的是贮焙结合的方法，各类茶书多有论及。相应的明代贮茶焙茶的器具比唐、宋更为发达。当时的贮茶器多是由瓷或陶制作成的罂，也有用竹等编制成的篓。

置顿[①]

茶恶湿而喜燥[②]，畏寒而喜温，忌蒸郁而喜清凉[③]。置顿之所，须在时时坐卧之处[④]，逼近人气，则常温不寒。必在板房，不宜土室。板房则燥，土室则蒸。又要透风，勿置幽隐[⑤]。幽隐之处，尤易蒸湿，兼恐有失点检[⑥]。其阁庋之方[⑦]，宜砖底数层，四围砖砌，形若火炉，愈大愈善，勿近土墙。顿瓮其上，随时取灶下火灰，候冷，簇于瓮傍[⑧]。半尺以外，仍随时取灰火簇之，令裹灰常燥，一以避风，一以避湿。却忌火气入瓮，则能黄茶。世人多用竹器贮茶，虽复多用箬护，然箬性峭劲[⑨]，不甚伏帖[⑩]，最难紧实，能无渗罅[⑪]？风湿易侵，多故无益也。且不堪地炉中顿，万万不可。人有以竹器盛茶，置被笼中，用火即黄，除火即润。忌之忌之！

【注释】

①置顿：设置安顿的处所。顿，放置。

②恶（wù）：讨厌，憎恨。《广韵·暮韵》：“恶，憎恶也。”

③蒸郁：闷热。苏轼《次韵孔毅甫久旱已而甚雨》之一：“风从南来非雨候，且为疲人洗蒸郁。”

④坐卧：坐和卧，指日常起居。

⑤幽隐：指隐蔽之处。《韩非子·六反》：“夫陈轻货于幽隐，虽曾史可疑也；悬百金于市，虽大盗不取也。”

⑥点检：一个一个地查检。

⑦庋（guǐ）：置放器物的架子。

⑧簇：紧紧围拢着。

⑨峭劲：挺拔坚劲，刚健。

⑩伏帖：平伏而紧贴在上面。

⑪罅（xià）：同“罅”，缝隙，裂缝。

【译文】

明紫砂茶叶盖罐

茶叶厌恶潮湿而喜欢干燥，害怕寒冷而喜欢温暖，忌讳熏蒸、闷热而喜欢洁净、薄寒。茶叶安放处置的位置，必须在日常起居的地方，迫近人的气息，就可以保持恒定的温度不会寒凉。放置之处必须在木板房内，不适合在泥土房中。置于木板房就能够保持干燥，置于泥土房就会因潮湿而被熏蒸。放置的地方还要透风，不要安放在隐蔽的地方。隐蔽的地方，尤其容易闷热潮湿，并且担心可能会忘掉对茶进行检核查看。置放器物架子的方法，适宜用几层砖作为基底，并且用砖将四周砌起来，形状像火炉，并且规模越大越好，但是不要靠近土墙。将陶瓮安放在上面，随时取来灶炉下的火灰，等它变冷后，就将火灰堆集在瓮的旁边。瓮半尺之外的地方，依然需要随时取用灰火堆积在那里，使其包裹火灰而经常保持干燥。一方面可以避风，一方面用来祛湿。一定要避免火的热气进入瓮中，否则会让茶叶变黄。世人大多用竹器来储藏茶叶，虽然使用多重箬叶来包裹保护，但箬叶天性坚劲有力，不十分容易依附顺贴，极难使它变得紧凑充实，怎么会没有透漏的缝隙呢？这使得寒风和湿气容易侵入，即便用更多的箬叶依然是没有用。并且茶叶也经不住在地炉中久置，这是万万不可以的。有的人用竹器来盛放茶叶，将其放在焙茶笼中，用火烘烤就会变黄、枯萎，撤除烘焙的火茶叶就会变回湿润。一定要忌讳和戒除啊！

【点评】

箬叶藏茶，宋已见用，在明代则成为一种普遍的方法，明代茶书中屡见记载。许次纾却认为箬叶不便于密封，指出“收藏宜用瓷瓮”，密封性更好，更能减少气体交换，有利于保持茶叶品质。

取用

茶之所忌，上条备矣。然则阴雨之日，岂宜擅开[①]。如欲取用，必候天气晴明，融和高朗[②]，然后开缶[③]，庶无风侵[④]。先用热水濯手[⑤]，麻帨拭燥[⑥]。缶口内箬，别置燥处。另取小罂贮所取茶[⑦]，量日几何，以十日为限。去茶盈寸，则以寸箬补之，仍须碎剪。茶日渐少，箬日渐多，此其节也[⑧]。焙燥筑实，包扎如前。

栾书缶

【注释】

①擅：副词，自作主张，擅自，随意。

②融和：和煦，暖和。高朗：高而明净，高而明亮。汉王逸《九思·伤时》："旻天兮清凉，玄气兮高朗。"

③缶（fǒu）：古代一种大腹小口的盛酒器，茶人则用以盛茶。《说文解字》："缶，瓦器，所以盛酒浆，秦人鼓之以节歌。"

④庶：但愿，或许。

⑤濯（zhuó）：洗，洗涤。《诗经·大雅·泂酌》："泂酌彼行潦，挹彼注兹，可以濯罍。"毛传："濯，涤也。"

⑥麻帨（shuì）：麻巾。帨，佩巾，古代女

子出嫁时，母亲所授，用以擦拭不洁，在家时挂在门右，外出时系在身左。

⑦罂（yīng）：大腹小口的瓦器。《说文》："罂，缶也。"

⑧节：关键。

【译文】

茶忌讳的东西，上面一条已经叙述完备。然而在阴雨的日子，怎么适合任意开盖取用呢。如果想要取用，必须等到天气放晴明朗、温暖明亮的时候，这样才打开缶盖，或许可以没有风湿之气的侵扰。首先用热水洗手，用麻巾擦拭干。缶内部的箬叶，暂且放置在其他干燥的地方。另外拿一个小罂把取用的茶叶放在里面，估算下取出几天的茶量，以十天作为期限。拿走茶叶满一寸，就用足量的箬叶来填补，箬叶依然需要被剪得很碎。茶叶一天天渐渐变少，箬叶一天天渐渐变多，这是关键。用微火烘烤保持干燥，装填紧实，跟之前一样包裹扎紧。

宣化辽墓M1后室西壁《备茶图》

【点评】

日常取用茶叶时，如果将贮藏大量茶叶的容器频繁打开，就容易导致湿气入内，影响贮藏效果。所以平时少量日用茶，应用小瓶存放。这与熊明遇《罗岕茶记》“须于晴明，取少许别贮小瓶”观点一致。

包裹

茶性畏纸，纸于水中成，受水气多也。纸裹一夕[①]，随纸作气尽矣[②]。虽火中焙出，少顷即润。雁宕诸山[③]，首坐此病[④]。每以纸帖寄远，安得复佳[⑤]。

【注释】

①夕：夜，晚上。《诗经·唐风·绸缪》：“今夕何夕？见此良人！”

②作：兴起，发生。气：水气。尽矣：达到极限。

③雁宕（dàng）：山名，又名雁荡。位于浙江东南部，分南北二山：南雁荡山在平阳西部，北雁荡山在乐清东北部。一般所谓雁荡山指北雁荡山，一名雁山。明弘治《温州府志》：“茶，五县俱有之，惟乐清县雁山者最佳，入贡。”

④首：首先，最早。《洪武正韵·有韵》：“首，先也。”坐：由……而获罪，定罪。《一切经音义》卷二：“坐，罪也。”这里引申为犯错。病：毛病，缺点。《庄子·让王》：“学而不能行谓之病。”

⑤复：又，更，再。表示反问或加强语气。《世说新语·政事》：“池鱼复何足惜。”

【译文】

茶叶天性害怕纸，因为纸是在水中生成的，接受的水汽十分多。用纸包裹一晚上，茶叶就会全都随纸产生水气。即使用火将茶中水气烘烤出来，短时间内就又潮湿了。雁宕等茶山，首先犯了这个毛病。往往用纸帖包裹茶叶寄往远处，怎么能保持好的品质呢。

【点评】

陆羽《茶经·五之煮》:“既而承热用纸囊贮藏之,精华之气无所散越。”用纸囊贮茶,看似与许次纾的观点大相径庭,其实不然。因为陆羽这里是用纸囊临时贮存刚烤炙好以备碾罗的茶,其作用是为了烤炙催散出来的香气不会白白地流失,而不是许氏所说的较长时间的贮放。

日用顿置

日用所需,贮小罂中,箬包苎扎,亦勿见风。宜即置之案头[①],勿顿巾箱、书簏[②],尤忌与食器同处。并香药则染香药[③],并海味则染海味,其它以类而推。不过一夕,黄矣变矣。

白瓷茶瓶

【注释】

①即:就,靠近。《诗经·卫风·氓》:“来即我谋。”

②巾箱:古时装头巾或手巾的小箱子,后亦用以存放书卷、文件等物品。《太平御览》卷七一一引《汉武内传》:“武帝见西王母巾箱中有一卷书。”书簏(lù):藏书用的竹箱子。唐皮日休《醉中即席赠润卿博士》诗:“茅山顶上携书簏,笠泽心中漾酒船。”簏,竹箱,竹编的盛物器,形状不一。

③并：一起，一并。这里作动词，指与……放在一起。

【译文】

日常取用的茶，应储存到小口大肚的小罂里，用竹叶包好，并用苎麻扎紧，也不能见风。应该就在靠近案边的地方放置，不要放在巾箱或书箱里，尤其禁忌和餐具放在一起。如果和香药放在一起就会染上香药的味道，和海味放在一起就会染上海味的味道，其他可由此类推。这样仅仅一夜，茶就会变黄变味。

择水

精茗蕴香，借水而发，无水不可与论茶也。古人品水，以金山中泠为第一泉[1]，第二[2]，或曰庐山康王谷第一[3]。庐山余未之到，金山顶上井，亦恐非中泠古泉。陵谷变迁[4]，已当湮没[5]，不然，何其漓薄不堪酌也[6]？今时品水，必首惠泉[7]，甘鲜膏腴[8]，致足贵也[9]。往三渡黄河，始忧其浊，舟人以法澄过[10]，饮而甘之，尤宜煮茶，不下惠泉。黄河之水，来自天上[11]，浊者，土色也。澄之既净，香味自发。余尝言有名山则有佳茶，兹又言有名山必有佳泉[12]。相提而论，恐非臆说[13]。余所经行，吾两浙、两都、齐鲁、楚粤、豫章、滇黔[14]，皆尝稍涉其山川[15]，味其水泉，发源长远而潭沚澄澈者[16]，水必甘美。即江河溪涧之水[17]，遇澄潭大泽[18]，味咸甘冽[19]。唯波涛湍急，瀑布飞泉，或舟楫多处，则苦浊不堪。盖云伤劳[20]，岂其恒性。凡春夏水长则减，秋冬水落则美。

【注释】

①金山：位于今江苏镇江西北。中泠：中泠泉，初在金山下的长江中，今江岸沙涨，泉

已在沙岸以内，在金山以西一里之遥。中泠，与北泠、南泠合称“三泠”，唐张又新《煎茶水记》记名士刘伯刍评扬子江南泠泉为第一，茶神陆羽评为天下第七，唐以后人多称道中泠，而宋人皆称道中泠泉，从此中泠泉被誉为“天下第一泉”。

②第二：当为衍字。

清金廷标《品泉图》

③庐山：在江西北部，位于九江以南，星子以西，耸峙于长江中下游平原与鄱阳湖畔。传周代有匡氏兄弟七人上山修道，结庐为舍，因名庐山。又称匡山、匡庐。康王谷：位于庐山最高峰汉阳峰西，是全山最长的峡谷，谷中水帘水据张又新《煎茶水记》被陆羽《煮茶记》中品评为天下第一水，传今存陆羽诗句"泻从千仞石，寄逐九江船"即为该泉所题。苏轼在咏茶词中称赞："谷帘自古珍泉。"陆游在《入蜀记》写道："谷帘水……真绝品也。甘腴清冷，具备众美。非惠山所及。"

④陵谷：丘陵和山谷。

⑤湮（yān）：埋没，淹没。《国语·周语下》："绝后无主，湮替隶圉。"韦昭注："湮，没也。"

⑥漓薄（lí báo）：谓酒不浓。明陈霆《两山墨谈》卷六："今人名酝之漓薄者为鲁酒。"堪：能承受。

⑦惠泉：惠山寺石泉水，在今江苏无锡西五里处惠山第一峰白石坞惠山寺南庑，源出若冰洞。张又新《煎茶水记》记陆羽定天下水品二十种，以惠山石泉水为第二，故又名"陆子泉"，又称"二泉"。

⑧膏腴：谓食物肥美。

⑨致：尽，极。《左传·文公十五年》："兄弟致美。"

⑩澄（dèng）：让水中物沉淀，使清静，使清明。

⑪黄河之水，来自天上：本句出自唐李白诗《将进酒》："黄河之水天上来，奔流到海不复回。"

⑫兹：这里。

⑬臆：主观地推测、猜测。

⑭两浙：浙江。唐肃宗至德二载（757），置浙江西道、浙江东道两节度使方镇。宋代设两浙路，元代时浙江属江浙行中书省，明初改元制为浙江承宣布政使司。两都：指明代南北两都——南京和北京，明代自永乐以后实行两都制。两都始行于汉代，指西汉的

西都长安、东都洛阳，东汉著名历史学家和辞赋家班固曾经著《两都赋》。齐鲁：山东。“齐鲁”一名，因于先秦齐、鲁两国。到战国末年，齐、鲁两国文化也逐渐融合形成一个统一的文化圈，从而形成“齐鲁”的地域概念。这一地域与后来的山东省范围大体相当，故成为山东省的代称。楚：指湖北省和湖南省，特指湖北省。粤：广东省的简称。豫章：古郡名，唐王勃《滕王阁序》写道：“豫章故郡，洪都新府。星分翼轸，地接衡庐。”广义而言的豫章，即今江西省，狭义而言，豫章指今南昌地区一带。滇：云南省的简称。黔：贵州省的简称。

⑮涉：趟水过河。

⑯潭：深，深邃。泚（cǐ）：清澈的样子。原本为“沚”，意为水中小块陆地。澄澈：清澈，水清见底。

⑰溪涧：指山间的水流。

⑱大泽：大湖沼，大薮泽。泽，水积聚的地方。

⑲咸：全。甘冽：甘美清澄。宋洪迈《夷坚丁志·刘道昌》：“忽有泉涌于庭，极甘冽。”

⑳劳：操劳，劳动；疲劳，劳苦。

【译文】

好茶蕴藏着香味，只有凭借水才能让它散发出来，没有水就不能谈论茶的事。古人品鉴煮茶之水，把金山的中冷泉作为第一泉，也有将庐山康王谷水帘水列为第一。庐山我没有去过，金山顶上的井泉，也恐怕不是中冷古泉了。丘陵山谷变迁，古泉应当已经被埋没了，如果不是这样，为什么泉水这么浅淡而经不住饮酌呢？如今品鉴水，一定认为惠泉是第一，泉水甘甜鲜嫩，滋润肥美，极其值得珍藏宝贵。我过去多次渡过黄河，曾经担忧它会很浑浊，船家用一定的方法将水中的杂质沉淀过，喝起来甘甜味美，特别适合煮茶，不比惠泉差。黄河的水来自天上，浑浊因为是土的颜色。沉淀以后就变清澈，香味自然散发出来。我曾经说有名山就会有好茶，这里又说有名山就会有好的泉水。一并来讲，恐怕不是我的主观说法吧。

我经过的地方，两浙、两都、齐鲁、楚粤、豫章、滇黔，都曾经过那里的山川，品味过那里的泉水，从很远的地方发源，而水潭洁净澄澈的，里面的水一定甘甜鲜美。即使是江河、小溪、山涧的水，流到澄澈深潭水泽中，它的味道全都甘甜清冽。只有波涛湍急、瀑布飞泉或船只多的地方，水才苦涩浑浊，不能饮酌。大概是因为过度扰动而使水质受到损害，怎么会是它固有的性质呢？凡是春夏水涨之时，水味就损减；秋冬水落之时，水位就甘美。

【点评】

水对于茶的作用不言而喻。“精茗蕴香，借水而发，无水不可与论茶也”，高度概括了水对品茶的重要性，非常精辟地道出了茶与水的密不可分。许次纾没有拘泥于古人强调排列的水品次第，而是基于自己的实地考察来对不同水品进行品鉴。作者足迹所至，江河溪涧之水，皆可汲煮，提出“有名山必有佳泉”的说法。作者还特别强调了水品的“澄”的特质，“澄之既净，香味自发”，净而清才是水的恒性。

贮水

甘泉旋汲[①]，用之斯良[②]，丙舍在城[③]，夫岂易得。理宜多汲[④]，贮大瓮中。但忌新器，为其火气未退，易于败水[⑤]，亦易生虫。久用则善，最嫌他用[⑥]。水性忌木，松杉为甚。木桶贮水，其害滋甚[⑦]，挈瓶为佳耳[⑧]。贮水瓮口，厚箬泥固，用时旋开。泉水不易，以梅雨水代之。

【注释】

①旋：顷刻，不久。

②斯：乃，就。

③丙舍：此处指饮茶处所，茶室。初指后汉宫中正室两边的房屋，以甲乙丙为次，其第三等

舍称丙舍。后泛指正室旁的别室，或简陋的房舍。《千字文》："丙舍傍启，甲帐对楹。"

④理：道理，事理。此处意为"按道理"。

⑤败：使毁坏，搞坏。

⑥嫌：避忌。

⑦滋：更加。《史记·魏其武安侯列传》："武安侯由此滋骄。"

⑧挈（qiè）：执，携带。

明崇祯金瓶梅《扫雪烹茶图》

【译文】

甘甜的泉水取后马上就用它煮茶才好，但饮茶的地方在城里，泉水怎能容易得到？所以按道理每次应该多取一些，贮存到大瓮中。但禁忌用新的器具，因为它的火气还没有退除，容易损坏水质，也容易生虫。长期用来装水的器皿才好，最忌讳作别的用途。水性忌讳木，尤其忌讳松木和杉木。用木桶来盛水，对水的损害更加严重，拿瓶子盛水才好。盛水的瓮口要盖上厚厚的箬竹叶，用泥封好，用的时候再快速打开。如果泉水不容易得到，可以用梅雨水代替。

【点评】

既有甘露，如何保有水的清新，不使水质受损，这是许次纾尤其关注的问题。于是运水的瓶、贮水的水瓮成为首选。为使茶鲜水灵，不会变质，《茶疏》总结了一套"贮大瓮中，但忌新器”的贮水法，“舀水必用瓷瓯，轻轻出瓮”的舀水法，以及“沸速”的煮水法。这样使水“鲜嫩风逸”，确保了水的质量。

舀水

舀水必用瓷瓯[①]，轻轻出瓮，缓倾铫中[②]。勿令淋漓瓮内[③]，致败水味[④]，切须记之。

明沈周《汲泉煮茗图轴》（局部）

【注释】

①瓯(ōu)：杯、碗之类的饮具。南唐李煜《渔父》词："花满渚，酒满瓯。"

②铫(diào)：一种带柄有嘴的小锅。苏轼《试院煎茶》诗："且学公家作茗饮，砖炉石铫行相随。"

③淋漓：液体湿湿地淌下，即流滴的样子。

④败：损害，损伤。

【译文】

舀水一定要用瓷碗，轻轻地把水从瓮中取出，慢慢地把水倒入铫中。不要让水滴回瓮内，使水的味道受到损害，一定要记住。

煮水器

金乃水母[①]，锡备柔刚[②]，味不咸涩，作铫最良。铫中必穿其心，令透火气。沸速则鲜嫩风逸[③]，沸迟则老熟昏钝[④]，兼有汤气[⑤]，慎之慎之。茶滋于水[⑥]，水藉乎器[⑦]，汤成于火[⑧]，四者相须[⑨]，缺一则废。

【注释】

①金乃水母：金生水。根据五行相生理论，木、火、土、金、水之间存在着递相资生、助长和促进的关系，即木生火，火生土，土生金，金生水，水生木。

②柔刚：柔和与刚强，阴阳的两种不同属性。

③风逸：谓洒脱奔放。

④昏钝：和缓，不强烈。钝，滞涩，不滑润。

⑤汤气：熟汤气，即馊味。

⑥滋：产生，润泽。

⑦藉：凭借，依靠。

⑧汤：沸水，热水。《论语·季氏》："见善如不及，见不善如探汤。"

⑨相须：互相依存，互相配合。亦作"相需"。

【译文】

水是从金产生的，锡兼具了柔和与刚强两种特性，煮出的水味道不咸涩，最适宜用来制作煮水的水铫。水铫的中间一定要有孔，这样使火的热气能够穿过。如果沸腾得快那么煮出的水将新鲜嫩滑并伴有随风飘散的水汽，如果沸腾得慢那么煮出的水就颜色昏暗积滞没有活力，同时还有馊味，一定要谨慎啊。茶靠水滋润，水借力于煮水的器皿，烧开水取决于火力。四者相辅相成，缺一样茶便煮不成。

火候

火必以坚木炭为上。然木性未尽，尚有余烟，烟气入汤，汤必无用。故先烧令红，去其烟焰①，兼取性力猛炽②，水乃易沸。既红之后，乃授水器，仍急扇之③，愈速愈妙，毋令停手。停过之汤，宁弃而再烹。

【注释】

①烟焰：烟和火焰。

②炽(chì)：火旺盛。汉王充《论衡·论死》："火炽而釜沸，沸止而气歇，以火为主也。"

③仍：仍旧，还是。

明李士达《坐听松风图》(局部)

【译文】

烧火最好选择坚实的木炭。然而如果使用的木炭的木性没有去尽，烧了以后就还会有余烟，烟气进到热水中，热水就一定没用了。因此煮水前要把木炭烧红，去掉它的烟和火焰，再加上选取火力旺的木炭，水就容易沸腾。等木炭烧红后，再把煮水器皿放到火上去，仍旧快速地用扇子扇，速度越快越好，不要让扇扇子的人停手。如果中间停止过，煮出来的热水宁愿倒掉而重新煮。

烹点

未曾汲水，先备茶具。必洁必燥，开口以待。盖或仰放，或置瓷盂，勿竟覆之[①]。案上漆气、食气，皆能败茶。先握茶手中，俟汤既入壶[②]，随手投茶汤，以盖覆定[③]。三呼吸时，次满倾盂内[④]，重投壶内，用以动荡香韵，兼色不沉滞[⑤]。更三呼吸顷[⑥]，以定其浮薄[⑦]。然后泻以供客，则乳嫩清滑，馥郁鼻端[⑧]。病可令起，疲可令爽，吟坛发其逸思[⑨]，谈席涤其玄襟[⑩]。

【注释】

①竟：直接，径直。

②俟：等。

③覆：覆盖，遮蔽。

④次：然后，接着。

⑤沉滞：深沉凝滞。

⑥更：表示动作行为的重复，相当于“再”、“又”。顷：左右，指时间。

⑦浮薄：漂浮轻薄。

⑧馥郁：指浓烈的香气。元陈樵《雨香亭》诗：“氛氲入几席，馥郁侵衣裳。”

⑨吟坛：诗坛，诗人聚会之处。唐牟融《过蠡湖》诗：“几度篝帘相对处，无边诗思到吟坛。”逸思：超逸的思想。南朝梁沈约《〈棋品〉序》：“是以汉魏名贤，高品间出；晋宋盛士，逸思争流。”

⑩谈席：谈经论艺的场所。宋欧阳修《答梅圣俞寺丞见寄》诗：“清风满谈席，明月临歌舫。”玄襟：深奥的情怀。襟，古代衣服的交领或前幅，这里指情怀、怀抱。

【译文】

在取水前先准备茶具。茶具一定要清洁干燥，并打开盖子待用。盖子或者向上摆放，或者放置在瓷盂上，不要把它直接盖放在桌子上。桌子上的油漆味和食物的气味都能破坏茶的味道。先把茶叶握在手中，等把热水倒入壶后，随即把茶叶投入水中，再把盖子盖严。等三次呼吸的时间，接着把茶水全倒到瓷盂中，再（将瓷盂中的茶水）倒入壶内，用此方法使茶的

辽张世卿古墓《备茶图》

香气和韵味散发出来，同时茶汤颜色不会停滞下沉。再等呼吸三次的时间，就能将汤中轻薄漂浮的茶叶沉定下来。然后把茶水倒出献给客人，这样的茶就能乳花嫩白清滑，香气萦绕鼻端。喝了这茶，可以使生病的人病愈，可以使疲惫的人神清气爽，可以引发诗人超逸的思想，可以涤荡谈经论艺者深奥的情怀。

【点评】

许次纾介绍的叶茶壶泡法比较独特，先汤后茶，但又不完全同于所谓的上投法。泡“三呼吸”的时间，就将茶汤倾倒至一瓷盂内，随即将之再倒回壶中——这样做的目的是“用以动荡香韵，兼色不沉滞”；再泡“三呼吸”的时间，即可泡出“乳嫩清滑”、香气扑鼻的茶汤，分盏泻以待客。

秤量①

茶注宜小②，不宜甚大。小则香气氤氲③，大则易散漫。大约及半升，是为适可。独自斟酌④，愈小愈佳。容水半升者，量茶五分⑤，其余以是增减。

【注释】

①秤量：衡量，估计。《后汉书·方术传下·华佗》：“心识分铢，不假称量。”

②茶注：茶壶。注，注子，古代酒壶，金属或瓷制成，可坐入注碗中。始于晚唐，盛行于宋元时期。唐李匡乂《资暇集·注子偏提》：“元和初，酌酒犹用樽杓……居无何，稍用注子，其形若罃，而盖、觜、柄皆具。大和九年后，中贵人恶其名同郑注，乃去柄安系，若茗瓶而小异，目之曰偏提。”

宜兴紫砂壶

③氤氲：形容烟或气很盛。唐张九龄《湖口望庐山瀑布泉》：“灵山多秀色，空水共氤氲。”

④斟酌：斟，倒茶水。酌，小口地喝，诗文中多指喝酒，此处指小口品茶。

⑤量：称量。分：重量单位，一两的百分之一。

【译文】

茶壶应该小，不能太大。壶小泡茶则茶香很盛，壶大香味就容易发散掉。大约半升的壶，这是比较合适的。自己一个人倒茶喝茶，茶壶越小越好。半升水容量的茶壶，要称量五分重的茶，其他的可以以这个为标准增加或减少茶量。

【点评】

小壶能留住茶之原香，故明人用壶，以小为佳，许次纾明确提出了以半升小壶最为适宜的观点——这应当是此后影响时大彬听从陈继儒等文人的建议改大壶作小壶的先声。

汤候①

水一入铫，便须急煮。候有松声②，即去盖，以消息其老嫩③。蟹眼之后④，水有微涛⑤，是为当时。大涛鼎沸⑥，旋至无声⑦，是为过时，过则汤老而香散⑧，决不堪用。

【注释】

①汤候：观察煮水程度。

②松声：松涛声，即松枝相互碰撞时发出的声音，此指煮水过程中水发出的类似松涛的声音。

③消息：此为动词，了解明白变化之意。

④蟹眼：螃蟹的眼睛。比喻水初沸时泛起的小气泡。古时称煮茶之水沸腾之前的状况，即水中出现小气泡如螃蟹眼大小。宋庞元英《谈薮》："俗以汤之未滚者为盲汤，初滚者曰蟹眼，渐大者曰鱼眼，其未滚者无眼，所语盲也。"苏轼《试院煎茶》："蟹眼已过鱼眼生，飕飕欲作松风鸣。"

明王问《煮茶图》（局部）

⑤涛：波涛起伏，此为夸张，指水沸腾起来。

⑥鼎沸：水涌流翻腾的样子。

⑦旋：逐渐。

⑧老：过头而衰，指水煮的时间过长。

【译文】

将水一倒入铫中，便需要大火快煮。等到发出松涛声一样的声音时，立刻拿开盖子，以便观察了解水的老嫩程度。煮水出现蟹眼一样的泡泡之后，水有微微的波涛，这就是水煮到正适当的时刻。等到有大波涛涌流翻腾，逐渐至没有声音，这就是煮过了头，煮过了头的水就不新鲜，香气散漫，一定不能用。

【点评】

欲烹茶必先煮水。煮水过程对于明人来说，既是种技艺又是种享受。以至于张源在《茶录》中提出"汤有三辨"的说法。许氏则去烦从简，另辟蹊径，用炽火急煮令水迅速沸腾的方法，以松涛般的水声来判断最适宜的水温。这较之张源要更为精准。

瓯注[①]

茶瓯，古取建窑兔毛花者[②]，亦斗碾茶用之宜耳[③]。其在今日，纯白为佳，兼贵于小。定窑最贵[④]，不易得矣。宣、成、嘉靖[⑤]，俱有名窑[⑥]，近日仿造，间亦可用。次用真正回青[⑦]，必拣圆整，勿用呰窳[⑧]。

茶注，以不受他气者为良，故首银次锡[⑨]。上品真锡，力大不减[⑩]，慎勿杂以黑铅[⑪]，虽可清水，却能夺味。其次内外有油瓷壶亦可[⑫]，必如柴、汝、宣、成之类[⑬]，然后为佳。然滚水骤浇，旧瓷易裂，可惜也。近日饶州所造[⑭]，极不堪用。往时龚春茶壶[⑮]，近日时彬所制[⑯]，大为时人宝惜。盖皆以粗砂制之，正取砂无土气耳。随手造作，颇极精工，顾烧时必须火力极足[⑰]，方可出窑。然火候少过，壶又多碎坏者，以是益加贵重。火力不到者，如以生砂注水，土气满鼻，不中用也。较之锡器，尚减三分。砂性微渗，又不用油[⑱]，香不窜发，易冷易馊，仅堪供玩耳。其余细砂，及造自他匠手者，质恶制劣，尤有土气，绝能败味，勿用勿用。

【注释】

①瓯（ōu）：指杯碗之类的饮具，此指茶瓯，即茶杯。注：茶注，即茶壶。此小节主要介绍各种不同窑口的茶具，以及许次纾自己对茶具的认识。

②建窑：窑址在今福建建阳水吉镇，宋代以烧制黑釉瓷并上贡闻名于世。兔毛花：指建窑烧制的"兔毫盏"，色黑或深紫，釉下有放射状的细纹，形似兔毛，故名。在斗茶之风

南宋莲盖银注子注碗

盛行的宋代，建窑兔毫盏深得文人乃至帝王的喜爱。

③斗碾茶：指宋代斗茶。宋人斗茶用末茶冲点，通过比赛茶的汤花浮起的程度来评判竞胜，称斗色斗浮；也有斗味斗香的斗茶。碾茶，碾成末的茶。

④定窑：宋代五大名窑之一，以白瓷著称。在定州（今河北曲阳涧磁燕山村）境内，故名。定窑原为民窑，北宋中后期，由于瓷质精良，色泽淡雅，纹饰秀美，开始烧造宫廷用瓷。

⑤宣、成、嘉靖：明代年号，即明宣宗宣德（1426—1435）、宪宗成化（1465—1487）、世宗嘉靖（1522—1566）。这一时期也是瓷器制造高度发展的时期。

⑥俱有名窑：宣窑为宣德年间在江西景德镇所设的官窑；成窑指成化年间的官窑；嘉靖官窑则是明代官窑产量最大的时期。

⑦回青：一称回回青，一种蓝色颜料，因明朝时从西域进口，故而得名。青，指蓝色颜料。回青一般需要和石子青混合运用，所呈现的颜色较霁蓝浅淡，多见于嘉靖和万历年间的瓷器。正德（1506—1521）时已经见用，嘉靖时成为当时青花的标志。

⑧呰窳（zǐ yǔ）：指器物质量粗劣。呰，弱，劣。窳，指器物粗劣。《说文》：“窳，污窬也。”《广韵》：“窳，亦（器）病也。”

⑨首银次锡：银壶最好，锡壶其次。银制器皿具杀菌、消毒功效，用之煮水可软化水质，使水变细软，使茶更香醇。锡制茶器具有良好的密闭性和透气性，无味，可防潮，长久保持茶叶鲜美芳香，为储茶、泡茶之佳器。

⑩力：功效，功劳之意。减：衰弱，减少。

⑪黑铅：铅的一种，或称为青铅。《本草纲目》卷八："铅：黑锡。"

⑫油（yòu）：通"釉"。唐刘恂《岭表录异》卷上："广州陶家，皆作土锅镬。烧热以土油之，其洁净则愈于铁器。"原案："油与釉通。"

⑬柴、汝、宣、成：柴窑、汝窑、宣窑、成窑。柴，柴窑，是中国古代五大瓷窑之首，创建于五代后周显德初年河南郑州（一说开封），本是后周世宗柴荣的御窑，从北宋开始称为柴窑。汝，汝窑，中国古代著名瓷窑，北宋元祐初年继定窑之后专烧宫廷用瓷，因其窑址在汝州境内（今河南临汝、宝丰一带），故名。汝窑以烧制青瓷闻名，有天青、豆青、粉青诸品。汝窑与同期官窑、哥窑、钧窑、定窑合称宋代五大名窑。汝窑开窑烧造时间短暂，传世亦不多，珍贵非常。宣，宣窑，明宣德设于景德镇官窑的省称。成，明成化窑，以小件和五彩的最为名贵。明沈德符《敝帚轩剩语·瓷器》："本朝窑器，用白地青花，间装五色，为今古之冠。如宣窑品最贵，近日又重成窑。"

⑭饶州：地处江西东北部景德镇，原为饶州府浮梁县下辖一镇。

⑮龚春茶壶：也称为"供春壶"，由紫砂名家供春（一名龚春）所制。供春，明正德、嘉靖年间人，生卒不详。原为宜兴进士吴颐山的家僮，在伴随吴颐山读书宜兴金沙寺"给使之暇"，学习寺中老僧及当地人制陶法，仿自然形态制成紫砂壶，做工古朴精美，人称供春壶。吴梅鼎《阳羡瓷壶赋·序》："余从祖拳石公读书南山，携一童子名供春，见土人以泥为缸，即澄其泥以为壶，极古秀可爱，所谓供春壶也。"

⑯时彬：时大彬（1573—1648），明万历至清顺治年间人，是著名的紫砂大家时朋的儿子。他确立了至今仍为紫砂业沿袭的用泥片和镶接那种凭空成型的高难度技术体系，在紫砂陶各方面极有研究，早期作品多模仿供春大壶。

明供春小壶

⑰顾：句首发语词，无意义。

⑱油：通“釉”，此为动词，用釉涂饰。

【译文】

茶瓯，古代取用建窑兔毛花的茶盏，也是适合用它来斗碾茶罢了。在今天，茶瓯最好是纯白的，而且小的更珍贵。定窑的茶瓯最珍贵，不容易得到。宣德、成化、嘉靖年间，都有名窑，近年有仿造的，有时也有可以用的。其次要用真正回青烧制的茶瓯，一定要挑圆形的、完整的，不能用质量粗劣的茶具。

茶壶，以不受到其他气味污染的为好，因此首选银制茶壶，次选锡制茶壶。上品真锡茶壶，功效好，不容易使壶中茶水的气味减弱，小心不要把黑铅混杂进去，混杂黑铅虽然能使水洁净清澈，但也能夺去水的气味。其次，内外涂过釉的瓷壶也可以，一定要像柴窑、汝窑、宣窑、成窑这类瓷窑生产的瓷壶，才是好的。然而，用滚烫的水突然浇灌，旧的瓷壶容易开裂，很可惜。最近饶州产的瓷制茶壶，很经不住使用。以前的龚春茶壶，近年来时大彬所烧制的茶壶，大多被当时的人当做宝贝一样珍惜。他们所制茶壶都是用粗砂制作的，正是取粗砂没有土气的特性罢了。随手制作，极尽精致的工艺，烧制时必须火力非常充足，才可以出窑。然而火候稍微过头，很多茶壶碎裂烧坏，因此砂壶更加贵重。烧制时火力不够的茶壶，像用水注进生砂一样，闻起来满鼻都是土气，不能够用啊。与锡制茶壶相比，泡茶效果还要减去三分。砂本性微微渗水，又没有上釉，茶叶的香气不能窜出散发，茶水容易变冷变坏，这类砂茶壶只能够用来把玩罢了。其他细砂茶壶，以及出自其他工匠之手制造的茶壶，质量、做工都很劣质，还有土气，绝对会败坏茶水的味道，一定一定不要用。

【点评】

明代茶具，回归到陆羽倡导的简约之道上，总体表现为自然朴实。散茶的饮用，对茶具也提出了新的要求。旧时饮用末茶的茶器，如茶磨、茶碾、茶罗、茶筅、茶勺、茶盏等随着末茶的废置而消逝。改用茶壶容茶，水铫煮水冲泡，再注入茶杯饮用，器具的变化突出体现在两个方面：一为小茶壶的出现；二为盏的变化。

砂壶“盖皆以粗砂制之，正取砂无土气耳”，所以能保存茶本身的香气。砂壶的地位在明代便日渐凸显：“往时龚春茶壶，近日时彬所制，大为时人宝惜。”精制的砂壶，逐渐替代唐宋时期金器、银器、锡器，渐成新宠。

时大彬六方壶

宋代流行点茶法，茶色贵白，所以好用深色釉茶盏以衬其白。明代用叶茶直接冲泡，茶汤绿，故宣窑、成窑白瓷更能衬托其嫩绿色泽。冲泡之变导致汤色变化，进而影响茶盏颜色的选择变化，在小小茶盏中演绎出明人对茶微妙的感受。

荡涤①

汤铫瓯注，最宜燥洁。每日晨兴，必以沸汤荡涤，用极熟黄麻巾帨向内拭干②，以竹编架，覆而庋之燥处③，烹时随意取用。修事既毕④，汤铫拭去余沥⑤，仍覆原处。每注茶甫尽⑥，随以竹筯尽去残叶，以需次用。瓯中残渖⑦，必倾去之，以俟再斟。如或存之，夺香败味。人必一杯，毋劳传递，再巡之后⑧，清水涤之为佳。

【注释】

①荡涤：冲洗，清除。宋曾巩《延庆寺》诗：“好风吹雨来，暑气一荡涤。”

②黄麻：一种长而柔软的、发出光泽的植物纤维，可以织成高强度的粗糙的细丝。

清代举行茶宴时用的“三清”茶具

③覆：翻转。

④修事：实行，从事某种活动。又特指治馔之事。

⑤余沥：指茶的余滴，剩茶。

⑥甫：刚刚，才。

⑦渖（shěn）：汁。《新唐书·崔仁师传》：“食饮汤渖。”

⑧再巡：第二遍。巡，遍，又指依次斟饮。

【译文】

茶铫和茶杯、茶壶，干燥、洁净最为适宜。每天早晨起来，一定要用开水洗涤，用熟透的软的黄麻巾布擦干器具内部，用竹子编制支架，将茶具扣在竹架上然后搁置在干燥处，烹煮茶的时候可随意取用。茶事活动结束后，擦去茶铫中余留的汁液，仍将茶铫扣在原处。每次茶壶倒茶刚尽的时候，随即用竹筷将残留的茶叶去尽，以备下次之使用。茶瓯中的残汁也要全部倒出去，以等待下次斟茶。如果还有些汁液残存，一定会毁损茶的香气味道。一人必须有一个茶杯，不需要传送，喝过两遍之后，最好用清水洗干净。

饮啜

一壶之茶，只堪再巡[①]。初巡鲜美，再则甘醇，三则意欲尽矣[②]。余尝与冯开之戏论茶候[③]，以初巡为婷婷袅袅十三余[④]，再巡为碧玉破瓜年[⑤]，三巡以来，绿叶成阴矣[⑥]。开之大以为然。所以茶注欲小，小则再巡已终，宁使余芬剩馥，尚留叶中，犹堪饭后供啜漱之用，未遂弃之可也[⑦]。若巨器屡巡，满中泻饮[⑧]，待停少温[⑨]，或求浓苦[⑩]，何异农匠作劳。但需涓滴[⑪]，何论品尝，何知风味乎。

【注释】

①堪：经得起，受得住。下文中的“堪”为“能”的意思。

②意欲：即指人对某种事物在思想上的欲望。

③冯开之：即冯梦桢（1546—1605），浙江秀水（今浙江嘉兴）人，字开之，万历五年进士，官编修，因忤当权者免官。因藏有《快雪时晴帖》而名其堂为“快雪堂”。著有《历代贡举志》、《快雪堂集》和《快雪堂漫录》。

④婷婷袅袅十三余：本句出自杜牧《赠别·其一》：“娉娉袅袅十三余，豆蔻梢头二月初。春风十里扬州路，卷上珠帘总不如。”这里指少女的美好。

清杨彭年曼生壶

⑤破瓜：指女子十六岁时。清袁枚《随园诗话》卷十三有云：“《古乐府》：‘碧玉破瓜时’，或解以为月事初来，如破瓜则见红潮者，非也。盖将瓜纵横破之，成二‘八’字，作十六岁解也。”

⑥绿叶成阴：指女子出嫁生了子女。宋计有功《唐诗纪事·杜牧》：“自是寻春去较迟，不须惆怅怨芳时。狂风落尽深红色，绿叶成阴子满枝。”

⑦遂：全部。

⑧泻饮：指大口喝茶。泻，倾倒。

⑨待：等。

⑩求：追求，谋求。

⑪涓滴：水点，极少的水。唐杜甫《倦夜》诗：“重露成涓滴，稀星乍有无。”

【译文】

一壶茶，只能泡两次。第一泡味道鲜美，第二泡味道甘醇，第三泡味道就将要尽了。我曾经和冯开之开玩笑谈论茶不同时候的状态，把第一泡比作婷婷袅袅十三岁的少女，第二泡比作十六岁刚刚嫁为人妇的小家碧玉，三泡以后，就好比绿叶成荫，已经生了一堆孩子的半老妇人了。开之认为非常正确。所以茶注要小，小的话喝第二泡已经结束，宁愿让余下的芳香馥郁，尚且留在茶叶中，还可以等到饭后供人啜饮漱口，不用全部丢弃也是可以的。如果用太大的容器泡茶且斟饮多次，杯子满了就大口喝茶，等停下来茶就会变凉，或者只追求浓苦的味道，这和农夫工匠劳作累了为了解渴而喝茶有什么区别呢？那只是需要几滴水，如何谈得上品尝，又怎么知道茶的风味呢？

【点评】

品饮之时，“一壶之茶，只堪再巡。初巡鲜美，再则甘醇，三巡意欲尽矣”。许次纾匠心独具地以妙龄女子喻茶，将每道茶的不同风味展示得摇曳多姿。一壶茶冲泡两次为宜，不仅是品饮规则，而且是茶由饮到品的一种艺术境界的升华。喝茶不只是为解渴，更是一种精神的艺术的享受。

论客

宾朋杂沓[①]，止堪交错觥筹[②]；乍会泛交[③]，仅须常品酬酢[④]。惟素心同调[⑤]，彼此畅适，清言雄辩[⑥]，脱略形骸[⑦]，始可呼童篝火[⑧]，酌水点汤[⑨]。量客多少，为役之烦简。三人以下，止爇一炉[⑩]，如五六人，便当两鼎炉[⑪]，用一童，汤方调适。若还兼作，恐有参差。客若众多，姑且罢火，不妨中茶投果[⑫]，出自内局[⑬]。

【注释】

①杂沓：众多杂乱的样子。

②交错觥（gōng）筹：酒器和酒筹交互错杂，形容宴饮尽欢。欧阳修《醉翁亭记》："射者中，弈者胜，觥筹交错，起坐而喧哗者，众宾欢也。"觥，盛酒或饮酒器。筹，酒筹，用以计算饮酒的数量。交错，交叉，错杂。

③乍会泛交：交情一般的朋友。乍会，初次见面。泛交，泛泛之交，一般的友谊。

④酬酢：主客相互敬酒，主敬客称酬，客还敬称酢。因指应酬交往。

⑤素心：本心。同调：音调相同，比喻有相同的志趣或主张。杜甫《徒步归行》："人生交契无老少，论心何必先同调。"

⑥清言雄辩：高雅的言论，有力的辩论。

⑦脱略形骸：不拘形迹，不受礼法束缚。脱略，放任，不拘束。形骸，人的躯体，指外貌，容貌。

⑧篝（gōu）：燃火而以笼罩其上。

⑨酌水点汤：舀水泡茶。酌，舀。点，用开水冲泡茶叶。

⑩爇（ruò）：烧，焚烧。

⑪鼎炉：指古代制药炼丹及烹饪之三足火炉器具。

宋无款《文会图》

⑫中茶投果：终止饮茶，放下果品。中，停止。投，放下，投下。

⑬出自内局：从室内走出。内局，明朝时候是宫廷提供日用品的地方，此处应该是指一般饮茶的室内。

【译文】

宾客朋友纷至沓来，只能群集宴饮；第一次见面泛泛而交的一般朋友，只需要用普通的茶来应酬交往。只有本心相投，彼此舒适自在，或有高雅言论和激昂辩论，不受礼节拘束的人，才可让童子生火，舀水泡茶。计算客人的多少，来确定工作量的多少。三个人以下，只需要一个炉子；如果是五六个人，就应该用两个鼎炉，用一个童子专门来做，才能调出好茶。童子如果还兼做他事，恐怕就会出现差池。客人如果很多，可暂时熄火，不妨停止饮茶、放下果品，到室外来。

【点评】

唐宋时期也注重茶侣的选择，但一般只言及茶客的人品、修养，明人在此基础上对茶客人数的多寡、茶童等都有特殊要求，这无疑是艺术品饮路上发展进步的表现。而许氏则更强调“素心同调，彼此畅适”，心性修养、趣味相投之人方可成为茶侣，才能在“清言雄辩”中体味饮茶的乐趣。而且人数还不能太多，最多五六人。以茶会友的过程实际是惺惺相惜、心意相交的情感精神的互动。

茶所①

小斋之外②，别置茶寮③。高燥明爽④，勿令闭塞⑤。壁边列置两炉，炉以小雪洞覆之⑥。止开一面，用省灰尘腾散⑦。寮前置一几⑧，以顿茶注、茶盂，为临时供具。别置一几，以顿他器。旁列一架，巾帨悬之，见用之时⑨，即置房中。斟酌之后，旋加以盖，毋受尘污，使损水力⑩。炭宜远置，勿令近炉，尤宜多办宿干易炽。炉少去壁⑪，灰宜频扫。总之，以慎火防热，此为最急。

【注释】

①茶所：饮茶的处所。

②斋：家居的房屋，学舍，因以为居室、书房的名称。常指书房、学舍。

③茶寮（liáo）：品茶小斋。寮，小屋、小室的通称。

④高燥：地势高而干燥。明爽：明亮，清朗。

⑤闭塞：壅阻，不畅通。

⑥小雪洞：小罩盖。

⑦省：废去，去掉。《国语·周语下》："夫天道尊可而省否。"章昭注："省，去也。"

⑧几：古人坐时凭依或搁置物件的小桌。

⑨见用之时：被用到的时候。见，用在动词之后，表示被动。

⑩水力：水的功劳、功效。

⑪少：通"稍"，稍微，略微。

【译文】

在书斋以外，另外布置一间用来品茶的茶室。茶室要地势高而干燥，明亮干爽，不要闭塞使空气不流通。在茶室的墙壁边摆放两只茶炉，茶炉用小雪洞盖住。只让茶炉的一面敞开，用来省去灰尘升腾飞散的麻烦。在茶室中靠前的地方放置一张小桌，用来放置茶注和茶盂，这是临时的用具。再另外放置一张小桌，用来放置其他的器皿。小桌旁排列一个架子，把麻布手巾悬挂在上面，要用的时候，就放到茶室的中间。在舀取水之后，要立即将贮水瓮盖上，不要让它受到尘埃的污染，使水的效用减损。烧茶炉用的炭要放得远远的，不要靠近茶炉，炭尤其应该多置办一些干燥容易燃烧的。茶炉要稍微远离墙壁，灰尘要频繁清扫。总之，小心地照看火候，以防温度太高，这是最重要的。

【点评】

明人饮茶，不仅仅满足解渴、去腻和疗疾等生理需求，更注重精神上的愉悦和享受。通过日常的品饮，获得精神上的愉悦，因此营造适宜的品茶环境，选择合适的品茶对象就显得非常重要了。许次纾提出了茶寮的地点选择、寮内炉灶、茶几的布置和各种注意事项。"小斋

清钱慧安《烹茶洗砚图》

之外，别置茶寮”，这种刻意为之的清静独幽的茶境，既自成一体又不脱离世俗。世俗中保持自性，雅致中寻求真味，恐怕是明人品到的最深切的茶味了吧。

洗茶

岕茶摘自山麓[①]，山多浮沙，随雨辄下[②]，即着于叶中[③]。烹时不洗去沙土，最能败茶[④]。必先盥手令洁[⑤]，次用半沸水[⑥]，扇扬稍和[⑦]，洗之。水不沸，则水气不尽，反能败茶。毋得过劳以损其力。沙土既去，急于手中挤令极干，另以深口瓷合贮之，抖散待用。洗必躬亲，非可摄代[⑧]。凡汤之冷热，茶之燥湿，缓急之节，顿置之宜，以意消息，他人未必解事。

【注释】

①岕茶：指长兴罗岕所产的茶。

②辄：即，就。

③着：指接触别的事物或附在别的事物上。

④败：毁坏，败坏。

⑤盥（guàn）：洗手，以手承水冲洗。

⑥次：然后，接下来。按顺序叙事，居于前项之后的称为次。半沸水：指快要沸腾的水，差不多沸腾的水。半，不完全，几乎。

⑦和：适中，恰到好处。《广韵·戈韵》："和，不坚不柔也。"此处应指水温恰到好处，刚刚合适。

⑧摄：代理，兼理。《广韵·業韵》："摄，兼也。"

【译文】

岕茶从山脚的地方采摘得来，山上有许多浮沙，随着雨水而下，就附着在茶叶当中。如果烹茶的时候不洗净去除沙土，这样最容易毁败茶叶的味道。所以一定要先洗干净双手，然后用快要沸腾的水，用扇子扇凉到水温合适的时候，来清洗茶叶。如果水不沸腾，那么水气

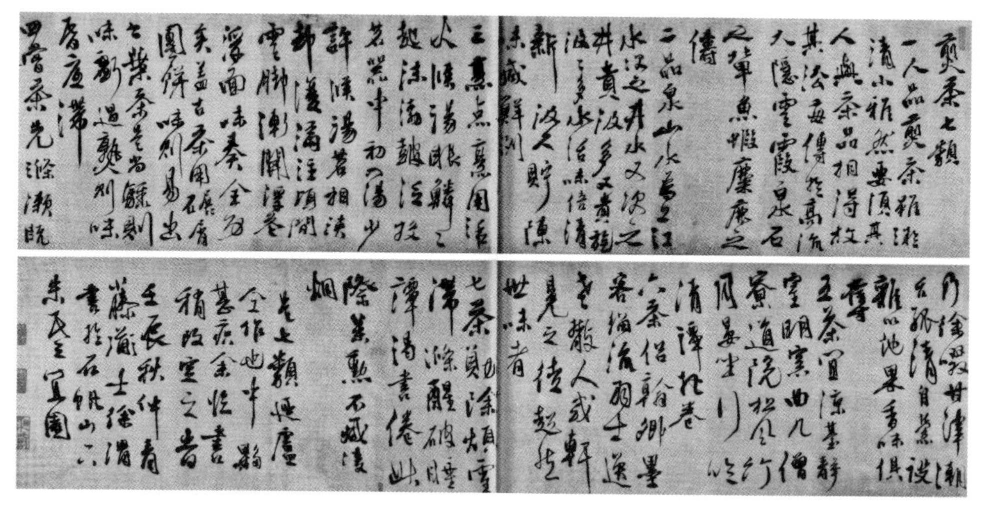

明徐渭《煎茶七类》

就不能除尽，反而会毁败茶叶。水也不要烧太开而损坏其效用。除去沙土之后，迅速将茶叶放在手中挤压，使它变得极其干燥，再另外用深口的瓷盒贮存起来，抖散开来以待取用。洗茶一定要亲自做，不能让人代做。但凡水的温度高低，茶叶的干湿程度，节奏的缓急快慢，器物摆放安置的合理与否，都是凭借自己的感觉来推测变化的，别人未必能理解通晓这些事理。

【点评】

一般茶叶直接烹饮，岕茶却先洗后烹。洗茶的目的是为了除去附着在茶叶上的沙土，“烹时不洗去沙土，最能败茶”。为使茶味不受土气侵染，故明代较之古人多了一道特殊的程序：洗茶。特殊的品饮方式将岕茶独有的气质重新展示出来，明人周高起《洞山岕茶系》中所说：“惟岕既经洗控，神理绵绵，止须上投耳。”这个过程正是明代文人对茶的感觉和茶自身潜能的互相发掘。

童子

煎茶烧香，总是清事[①]，不妨躬自执劳[②]。然对客谈谐[③]，岂能亲莅[④]，宜教两童司之[⑤]。器必晨涤，手令时盥，爪可净剔，火宜常宿[⑥]，量宜饮之时，为举火之候[⑦]。又当先白主人[⑧]，然后修事。酌过数行[⑨]，亦宜少辍。果饵间供[⑩]，别进浓渖[⑪]，不妨中品充之。盖食饮相须[⑫]，不可偏废，甘醲杂陈[⑬]，又谁能鉴赏也。举酒命觞，理宜停罢。或鼻中出火，耳后生风，亦宜以甘露浇之[⑭]。各取大盂，撮点雨前细玉，正自不俗[⑮]。

【注释】

①清事：清雅之事。宋赵师秀《送沈庄可》诗："清事贫人占，斯言恐是虚。"清，清闲，闲暇。此处应指不费劳力，很悠闲。《庄子·在宥》："必静必清，无劳女形，无摇女精，乃可以长生。"

②躬：亲身，亲自。执劳：犹操劳。《宋书·谢瞻传》："恐仆役营疾懈倦，躬自执劳。"

③谐：融洽。

④莅：参加，来到。

⑤司：掌管，主持，负责去做。

⑥宿：留，停留。此处应指使火保留。《广雅·释言》："宿，留也。"

⑦为举火之候：点火伺候。举，点燃。《庄子·让王》："三日不举火，十年不制衣。"候，服侍、伺候。

⑧白：告语，禀报，陈述。

⑨酌过数行：喝过几道茶之后。酌，斟酒。行，斟酒。此处皆言倒茶、饮茶。

⑩饵：食物。间：间或。

⑪渖(shěn)：汁。

⑫须：要求，寻求。也作“需”。

⑬醲(nóng)：味浓的酒，指酒味浓厚，浓烈。

⑭甘露：甘美的露水，此处指茶饮。

⑮正自：正是，恰好是。

【译文】

煎煮茶叶和熏香，都是十分清雅悠闲的事情，不妨自己亲自去做。然而和客人谈得正融洽的时候，怎么还能够自己去做呢，所以应该让两名童子来做这些事。器皿一定要在早晨清洗干净，手要时时洗干净，指甲全部都要剪除干净，火要随时保留着，估量适合饮茶的时候，就点燃火来伺候。还应该先禀告主人，然后再置备东西。斟了几次茶喝过之后，就应该休息一会儿了。不时地提供些果子食物，另外呈上浓烈些的茶水，这时不妨用一般品质的茶。吃的和喝的互相搭配，不可偏废任何一种，佳肴、美酒交杂放在那里，又有谁能鉴别品尝好茶呢。如果主人举着酒杯吆喝着喝酒，童子应当停止烹茶供饮。有时鼻中上火，耳后觉得有风的，也应该用饮茶泻火。各人自己拿一个大盂，慢慢喝些雨

清王树谷《煮茶图》

前的春茶，让自己气正神清而高雅不庸俗。

饮时

心手闲适　披咏疲倦[①]　意绪棼乱[②]　听歌闻曲　歌罢曲终　杜门避事[③]

鼓琴看画[④]　夜深共语　明窗净几　洞房阿阁[⑤]　宾主款狎[⑥]　佳客小姬[⑦]

访友初归　风日晴和　轻阴微雨　小桥画舫[⑧]　茂林修竹[⑨]　课花责鸟[⑩]

荷亭避暑　小院焚香　酒阑人散[⑪]　儿辈斋馆[⑫]　清幽寺观　名泉怪石

【注释】

①披咏：读书作诗。披，打开，散开。此指读书。咏，此指吟诗。

②意绪：心意，情绪。犹思路。南朝齐王融《咏琵琶》："丝中传意绪，花里寄春情。"棼（fén）乱：杂乱，混乱。明方孝孺《叶伯巨郑士利传》："夫图治于乱世之余，犹理丝于棼乱之后。"

③杜门避事：关起门来，远离世事。杜门，闭门，堵门。

④鼓琴：弹琴。《诗·小雅·鹿鸣》："我有嘉宾，鼓瑟鼓琴。"

⑤洞房：幽深的内室，多指卧室、闺房。阿（ē）阁：四面都有檐溜的楼阁。《尸子》卷下："泰山之中有神房阿阁帝王录。"

⑥款狎（xiá）：亲近，亲昵。北齐颜之推《颜氏家训·慕贤》："人在少年，神情未

明崔子忠《杏园宴集图》(局部)

定，所与款狎，熏渍陶染，言笑举动，无心于学，潜移暗化，自然似之。”

⑦佳客：嘉宾，贵客。姬（jī）：古时女性的美称。亦指称美女。

⑧画舫（fǎng）：装饰华美的游船。唐刘希夷《江南曲》之二：“画舫烟中浅，青阳日际微。”舫，泛指船。

⑨修竹：长长的竹子。王羲之《兰亭集序》：“此地有崇山峻岭，茂林修竹。”

⑩课花责鸟：赏玩花鸟。课、责，本意为考课督责，这里指玩赏品评。

⑪酒阑（lán）：酒筵将尽。《史记·高祖本纪》：“酒阑，吕公因目固留高祖。”裴骃集解引文颖曰：“阑，言希也。谓饮酒者半罢半在，谓之阑。”

⑫斋：学舍。馆：旧时私塾。《警世通言·旌阳宫铁树镇妖》：“时有一老者姓史名仁，家颇饶裕，有孙子十余人，正欲延师开馆。”

【译文】

心情比较闲适，不忙的时候；读书吟诗疲倦的时候；心烦意乱的时候；听歌曲和音乐的时候；唱歌或奏曲结束的时候；或是闭门读书远离世事的时候；弹琴看画的时候；夜深人静和友人一起聊天的时候；窗明几净的时候；在内室楼阁之中的时候；主人款待客人，与客人亲近相处的时候；有绝佳的客人和美女相伴的时候；刚造访朋友回来的时候；风和日丽的时候；天阴有小雨的时候；在小桥边或在画船上的时候；在茂密的树林竹林里的时候；和朋友赏花看鸟的时候；在荷花亭里避暑的时候；在庭院里焚香的时候；和朋友喝完酒散场的时候；在儿辈们学舍、私塾的时候；到清幽的寺院里的时候；在欣赏名泉怪石的时候（都适合饮茶）。

【点评】

茶到明人那里，既是日常饮品，又是自身审美价值的实现。所以对茶饮环境的要求，已经完全超过了饮茶本身。将口腹之欲升华为一种清雅的精神享受，是明人的创新。所以雅与俗在生活中和审美方式中呈现出日渐融合的趋势：既有“鼓琴看画”的大雅亦有“佳客小姬”的大俗；既有“茂林修竹”的清幽，又有“儿辈斋馆”的家常。

宜辍[1]

作字　观剧　发书柬[2]　大雨雪　长筵大席[3]　翻阅卷帙[4]　人事忙迫[5]　及与上宜饮时相反事

【注释】

①辍(chuò)：止，废止、停止之意。

②柬(jiǎn)：信札、名片、帖子等的统称。

③长筵：宽长的竹席。多指排成长列的宴饮席位。三国魏曹植《名都篇》："鸣俦啸匹侣，列坐竟长筵。"

④帙(zhì)：指书籍，可舒卷的叫卷，编次的叫帙(多就数量说)。

⑤人事：人情世理，人世间事。忙迫：仓皇迫促，忙碌紧张。

清杨彭年曼生壶

【译文】

在写字的时候，在观看戏剧的时候，在给朋友写信件的时候，在下大雨下大雪的时候，在大型宴席上的时候，在翻阅书籍的时候，或是人多事儿多紧迫忙碌的时候，以及与上述所说的适宜饮茶相反的事情、场合。

不宜用

恶水[1]　敝器[2]　铜匙　铜铫　木桶　柴薪　麸炭[3]　粗童　恶婢

不洁巾帨　各色果实香药

【注释】

①恶（è）：粗劣，不好。此处指品质不好的水。

②敝（bì）：破烂，破旧。

③麸（fū）炭：即木炭。宋陆游《老学庵笔记》卷六："浮炭者，谓投之水中而浮，今人谓之麸炭。"清顾张思《土风录》卷四："树柴炭曰麸炭。"麸，指碎而薄的片状物。

【译文】

质量粗劣的水，破旧的器具，铜制的茶匙，铜制的煮水锅，木制的小桶，烧火的木柴，细碎浮薄的木炭，粗鄙的奴仆婢女，不干净的茶布，各种树木所结的果实和香料（都不宜使用。）

不宜近

阴室　厨房　市喧[①]　小儿啼　野性人[②]　童奴相哄[③]　酷热斋舍

【注释】

①市喧：街市喧嚣。杜甫《自瀼西荆扉且移居东屯茅屋》诗之二："市喧宜近利，林僻此无蹊。"此处指喧嚣的街市。

②野：粗鲁，粗野，野蛮，不文雅。《论语》："野哉由也！"

③哄：哄闹，众声并作。

【译文】

阴暗的房间，厨房，喧闹的街市，有小孩啼闹的地方，性格粗野的人，奴仆和婢女相互哄闹的地方，以及酷热的斋房里（都不宜邻近而饮茶。）

良友

清风明月　纸帐楮衾[①]
竹床石枕　名花琪树[②]

【注释】

①楮（chǔ）：落叶乔木，叶似桑，皮可制纸。古时亦作纸的代称。

②琪树：仙境中的玉树。琪，美玉的一种。

【译文】

清风明月，纸质的床帐和被子，竹制的床和石质的枕头，以及名贵珍奇的花草树木（都是饮茶的好朋友）。

元赵孟頫《松荫会琴图》

出游

士人登山临水[①]，必命壶觞[②]。乃茗碗熏炉[③]，置而不

明文徵明《林榭煎茶图》

问，是徒游于豪举[4]，未托素交也[5]。余欲特制游装[6]，备诸器具，精茗名香，同行异室[7]。茶罂一，注二，铫一，小瓯四，洗一，瓷合一，铜炉一，小面洗一[8]，巾副之[9]，附以香奁、小炉、香囊、匕筯[10]，此为半肩[11]。薄瓮贮水三十斤[12]，为半肩足矣。

【注释】

①士人：士大夫，儒生。亦泛称知识阶层。

②壶觞（shāng）：酒器。晋陶潜《归去来辞》："引壶觞以自酌，眄庭柯以怡颜。"壶，古代盛器，深腹，敛口，多为圆形，也有方形、椭圆等形制。觞，古代盛酒器。

③乃：连词，表转折，然而，可是。熏炉：熏香及取暖用的器具。圆形，大腹，两侧有环，金属制。

④徒：白白地，徒然。豪举：举止行为豪放不羁。《史记·魏公子列传》："平原君之游，徒豪举耳，不求士也。"

⑤素交：真诚纯洁的友情，旧交。《文选·刘孝标〈广绝交论〉》："斯贤达之素交，历万古而一遇。"李善注："素，雅素也。"

⑥装：行装，亦泛指物品。

⑦异室：住在不同居室，这里指旅行。

⑧洗：古代盥洗时接水用的金属器皿，形似浅盆。可作盆使用，亦可作釜使用。

⑨副：辅助，附带。

⑩附：另外加上。香奁（lián）：杂置香料的匣子。奁，泛指盛放物体的匣子。香囊：盛香料的小囊，佩于身或悬于帐以为饰物。匕筯：食具，羹匙和筷子。

⑪半肩：半担，一担为一百市斤。肩，担子。

⑫薄瓮：厚度小的盛水或酒的陶器。

【译文】

士人游山玩水，一定会带壶觞喝酒。而茶碗和熏香的炉子却放在一旁不闻不问，这就是白白地举行盛大的出游，没有真正交到真诚淳朴的朋友。我想要特地制作出游的装备，准备齐各种器具，上好的茶叶和有名的熏香料，带着出行。需要茶罂一个，茶注二个，茶铫一个，小瓯四个，茶洗一个，瓷盒一个，铜炉一个，小面洗一个，拭布附带在面洗里，加上香奁、小炉、香囊、羹匙和筷子，这些就是半担东西了。再用薄瓮装水三十斤，足够作为另外半担了。

权宜[①]

出游远地，茶不可少。恐地产不佳，而人鲜好事，不得不随身自将[②]。瓦器重难，又不得不寄贮竹箁[③]。茶甫出瓮，焙之。竹器晒干，以箬厚贴，实茶其中[④]。所到之处，即先焙新好瓦瓶，出茶焙燥，贮之瓶中。虽风味不无少减，而气力味尚存。若舟航出入，及非车马修途[⑤]，仍用瓦缶[⑥]，毋得但利轻赍[⑦]，致损灵质[⑧]。

【注释】

①权宜：谓暂时适宜的措施，变通。《后汉书·西羌传论》："计日用之权宜，忘经世之远略。"

法门寺出土的鎏金银笼子，用于装放茶饼

②将：携带。

③箁（póu）：竹皮，即笋壳。清朱骏声《说文通训定声·颐部》："箁，竹箬也。从竹音声。"

④实：充满，这里是使动用法。

⑤修途：长途。修，长，远。

⑥瓦缶：小口大腹的瓦器。

⑦轻赍（jī）：便于携带。清冯桂芬《用钱不废银议》："银之利在轻赍，不废其轻赍之利也。"

⑧灵质：美好的品质。

【译文】

到远处游玩，茶是必不可少的。担

心远地出产的茶叶不好，而身边又少有喜欢喝茶的人，不得不自己随身携带。瓦器笨重难以携带，只好将茶叶寄放在竹筥中。茶刚从瓮中拿出，用小火烘干它。把竹器晒干，用箬竹的叶子厚厚地贴上，把茶放在其中。到了要去的地方，就先烘焙新好瓦瓶，把茶拿出烘干，贮存在瓦瓶中。虽然茶的风味有些减少，但是茶的香气、滋味还在。如果是乘船出入，以及不是乘车骑马的长途旅行，应该仍然用瓦缶，不要只是为了轻巧方便携带，而导致损伤了茶的美好品质。

虎林水①

杭两山之水②，以虎跑泉为上③。芳冽甘腴④，极可贵重，佳者乃在香积厨中上泉⑤，故有土气⑥，人不能辨。其次若龙井、珍珠、锡杖、韬光、幽淙、灵峰⑦，皆有佳泉，堪供汲煮。及诸山溪涧澄流，并可斟酌，独水乐一洞⑧，跌荡过劳⑨，味遂漓薄⑩。玉泉往时颇佳⑪，近以纸局坏之矣⑫。

【注释】

①虎林水：杭州的水。虎林，即武林，杭州的旧称，相传杭州城外有虎林山，因而称为虎林，后来一说因为吴音讹转虎为武，一说因为避唐讳而改为武林。而武林山即灵隐山。宋叶绍翁《四朝闻见录》："旧经有武林山又名灵隐山矣……武林避唐讳也。"

②杭两山：杭州南高峰、北高峰，又称南山、北山。

③虎跑泉：位于今浙江杭州西南大慈山白鹤峰下慧禅寺（俗称虎跑寺）侧院内。相传唐元和十四年（819）高僧寰中（亦名性空）来居大慈山，因为附近没有水源，准备迁往别处。一天忽然梦见神人告诉他说明日就会有水，当夜有两只老虎跑（刨）地作地穴，清澈的泉水随即涌出，故名为虎跑泉。

④芳洌（liè）甘腴（yú）：香甜清澈肥美。洌，清澄。腴，肥美。

⑤香积厨：寺庙厨房，是寺僧的斋堂。

⑥故：时常，常常。

⑦龙井：寺庙名，在浙江杭州西湖西南山地中，寺内有井，称为龙井，寺因以得名。珍珠：珍珠泉。杭州集庆寺内有真珠泉，未知是否即是此泉。锡杖：僧人所持的禅杖，这里指锡杖泉，在杭州慧因寺内。韬光：唐代名僧，蜀人，能诗，住杭州灵隐寺，与郡守白居易为诗友。穆宗长庆年间，于灵隐山西北巢枸坞筑寺，后人名之韬光寺，亦省称韬光。幽淙：在杭州上天竺寺南有幽淙岭。灵峰：山名，在浙江杭州西湖边。

⑧水乐：水乐洞，在杭州南山烟霞岭，旧为钱氏西关净化院。洞口有清泉流出，有水声如金石音，南宋时尚称此泉“泉味清甘，与龙井埒”。

虎跑泉

⑨跌荡：起伏，上下。

⑩漓薄：谓酒不浓，浮薄。

⑪玉泉：在杭州九里松北净空院，与虎跑泉、龙井泉并列为杭州三大名泉。

⑫纸局：古代纸张的生产场所。杭州玉泉曾于明宣德年间置白纸局，使泉水大为污染，废罢纸局后，泉水复清。明田汝成《西湖游览志》卷九："仙姑山之西为青芝坞玉泉讲寺……皇明宣德间置白纸局就池造纸，淆浊久之。局废而泉复清矣。"

【译文】

杭州南北两山之间的泉水，虎跑泉的最好。芳香清醇，味道甘美，非常珍贵，好的水是在香积厨中的上泉水，有时有泥土的气味，人们不能辨别出来。除了虎跑泉之外，像龙井、珍珠、锡杖、韬光、幽淙、灵峰等地方都有上好的泉水，可以供给人们汲取烧煮。至于群山之间澄澈的山泉溪水涧水，都可以饮用，只有水乐洞的急流，上下起伏过度，损耗过多，因此味道浮薄。玉泉的水以前很好，近来却因为设置造纸局的缘故破坏了水的味道。

宜节

茶宜常饮，不宜多饮。常饮则心肺清凉，烦郁顿释。多饮则微伤脾肾，或泄或寒。盖脾土原润①，肾又水乡②，宜燥宜温，多或非利也。古人饮水饮汤③，后人始易以茶，即饮汤之意。但令色香味备④，意已独至，何必过多，反失清洌乎⑤。且茶叶过多，亦损脾肾，与过饮同病。俗人知戒多饮，而不知慎多费，余故备论之⑥。

【注释】

①脾土：指脾。脾在五行合土。故名。由于脾属太阴，喜燥而恶湿，其病易为湿困，故

又有脾为湿土、太阴湿土之称。

②肾又水乡：中医认为肾主水，以阳开阴合来维持人体水液平衡。

③汤：沸水，热水。

④但：只，仅仅。

⑤清冽：清醇，清淡。明李时珍《本草纲目·水一·露水》："秋露造酒最清冽。"

⑥备：完备。

【译文】

茶适宜经常饮用，但不应该过多饮用。经常饮用茶可以使心肺感觉到凉爽，心中的烦郁顿时就消逝了。过多饮用的话会对脾、肾造成一些伤害，可能会导致腹泻或者受寒。本来人的脾脏和肾内的水分就很充足，适合干燥和温暖，水过多或许不太好。古时人们饮用水和食物汤汁，后来的人们才开始变成饮茶，也就是喝汤的意思。只要使它的色香味具备，已经能满足自己的意想，何必喝得太多，反而失去茶的清新醇冽。并且如果放的茶叶过多的话，也会损伤脾肾，跟过度饮茶是一样的错误。平常人都知道不要多喝茶，却不知道也不要喝浓茶，所以我写这节来详尽论述一下。

【点评】

茶有养生之效，然而须有节制，不可过多过浓，能如此辩证地看待茶之功效，这在其他茶书中极为鲜见。许次纾从中医的角度提出了淡茶少量的原则，言之有据而又颇有见地。

辨讹①

古人论茶，必首蒙顶②。蒙顶山，蜀雅州山也③，往常产，今不复有。即有之，彼中夷人专之④，不复出山。蜀中尚不得，何能至中原、江南也⑤。今人囊盛如石耳⑥，来自山东者，乃蒙阴山石苔⑦，全无茶气，但微甜耳，妄谓蒙山茶。茶必木生，石衣得为茶乎⑧。

【注释】

①讹(é)：错误。

②蒙顶：蒙顶茶，产于地跨四川名山、雅安两县的蒙山，唐代成为贡茶，是中国最著名的名茶之一。

③蜀：四川，秦代置蜀郡，汉属益州，汉末三国时为蜀国地。后为四川省的简称。雅州：今四川雅安，隋代置州，因境内雅安山得名。

④夷人：古代指少数民族的一种。专：独自掌握和占有。

蒙顶山茶园

⑤中原：中土、中州，以别于边疆地区而言。狭义的中原指今河南省一带，广义的中原指黄河中、下游地区。此处当指广义的中原。江南：即长江以南。

⑥囊：用口袋装。石耳：为地衣植物门植物，因其形似耳，并生长在悬崖峭壁阴湿石缝中而得名，体扁平，呈不规则圆形，上面褐色，背面被黑色绒毛。

⑦蒙阴山：位于山东蒙阴城南，因在蒙阴城而得名。石苔：石上滋生的苔藓。

⑧石衣：苔藻。

【译文】

古人谈论茶，都认为蒙顶山的茶是最好的。蒙顶山是四川雅州的一座山，以前产过茶，现在已经没有了。即便有，也被山中的少数民族独自占有，不会让茶出山的。就连蜀中人都得不到，哪能到达中原和江南呢？现在人们用袋子装着像石耳一样的东西，从山东那面运过来，是蒙阴山石头上所滋生的苔藓，一点茶气都没有，只有一点甜甜的口感而已，假冒是蒙山茶。茶必定生长在树木上，石衣苔藻哪能作为茶呢？

考本

茶不移本①，植必子生。古人结婚，必以茶为礼，取其不移植子之意也。今人犹名其礼曰下茶。南中夷人定亲②，必不可无，但有多寡。礼失而求诸野③，今求之夷矣。

【注释】

①茶不移本：茶不能移植茶树茶苗。本，根本，事物的根源，与“末”相对。

②南中：指今天的云南、贵州和四川西南部。

③野：郊外，离城市较远的地方，偏远的地方。

【译文】

茶叶不能移动树根，一定要通过种子直播来种植。古人结婚，必定将茶作为礼物，取的就是它根不能移植而必须种子直播的寓意。现在的人还把这种礼数叫做“下茶”。南中地区的少数民族定亲，一定不能没有茶，只是有用的多少之分。如果礼制沦丧，就要到民间去访求，现在只能向偏远地方的人民求教了。

【点评】

囿于种植水平，长期以来，植茶皆以种子直播，不能移栽。宋代饮茶大盛，茶也开始为婚姻礼仪所用。明代此风继行。郎瑛在《七修类稿》中说：“种茶下籽，不可移植，移植则不复生也；故女子受聘，谓之吃茶。又聘以茶为礼者，见其从一之义也。”许次纾在此说以茶为礼，是“取其不移植子之义也”，其意皆在于取茶不可移植之性，表明了在传统的社会文化中，男性中心的观念对婚姻中女性的要求。在南方许多地区甚至形成了以茶称名即俗称“三茶”的婚姻仪礼，即相亲时的“吃茶”，定亲时的“下茶”或“定茶”，成亲洞房时的“合茶”。即便是退亲，亦被称为“退茶”。《仪礼·士昏礼》中记昏礼有六礼，自茶进入婚礼后，“三茶六礼”则成为举行了完整婚礼明媒正娶婚姻的代名词。所以李渔《蜃中楼·姻阻》中有“他又不曾三茶六礼行到我家来”之语。虽然在明晚期已经出现茶树苗移栽的事实，但是在很多地区的习俗中茶作为聘礼之一却一直保留了下来。

余斋居无事[1]，颇有鸿渐之癖[2]。又桑苎翁所至[3]，必以笔床、茶灶自随[4]。而友人有同好者，数谓余宜有论著，以备一家，贻之好事[5]，故次而论之[6]。倘有同心，尚箴余之阙[7]，葺而补之[8]，用告成书[9]，甚所望也。次纾再识。

【注释】

①斋居：家居，闲居。宋王安石《送郓州知府宋谏议》诗：“坐镇均劳逸，斋居养智

恬。”

②鸿渐：陆羽字。

③桑苎翁：陆羽的别号。唐李肇《唐国史补》卷中：“羽有文学，多意思，耻一物不尽其妙，茶术尤著……羽于江湖称竟陵子，于南越称桑苎翁。”

④笔床：搁放毛笔的专用器物。南朝徐陵《玉台新咏序》：“琉璃砚盒，终日随身；翡翠笔床，无时离手。”

⑤贻（yí）：遗留。

⑥次：编次，编纂。

⑦尚：副词，庶几，犹言也许可以，常带有祈使语气。箴余之阙：指出并纠正我的错误。箴，规劝、告诫之义。阙，缺点，错误。

⑧葺：修补，整理，整治。

⑨告：表明，宣告。

【译文】

我闲居家中无事，颇有陆羽的癖好。而且陆羽所到的地方，必定随身带着笔床、茶灶。而朋友们有与我相同爱好的人，多次告诉我应该写一本茶的论述，来成一家之言，留给喜欢茶的人看，所以编纂论述而成此书。若有与我同样爱好的人，希望能够指出书中的缺漏并把它加以修补以致完整，来宣告它成书，我是十分期望的。次纾再记。

茶说

[明]黄龙德

玉川品茶
邛池渔父画

黄龙德，字骧溟，号大城山樵。生平事迹不详，大致为晚明至清初人。

《茶说》撰编于明万历乙卯（四十三年，1615），凡一卷，见明代《徐氏家藏书目》。前有胡之衍为序，分为“总论”和“之产”、“之造”、“之色”、“之香”、“之味”、“之汤”、“之具”、“之侣”、“之饮”、“之藏”共11则。作者总结了明代颇具代表性的散茶审评的经验，通过嗅觉、味觉、视觉、触觉等方式，从色、香、味、形诸角度来鉴别茶叶的品质，奠定了现代茶叶感官审评的理论基础。《茶说》序言中指出了论茶之目的在于“寓事而论其理”，借小小的茶叶展示明代广阔的思想文化，传载明人茶饮所具有的清淡、质朴而隽永的文化意蕴。以茶明志，以茶喻世，这才是创作的要旨所在。

在胡序后书名标题下，署名曰：“明大城山樵黄龙德著，天都逸叟胡之衍订，瓦全道人程□舆校”，可见是书很可能即是专为程百二《程氏丛刻》所作。

该书仅见《程氏丛刻》本。

序

茶为清赏[1]，其来尚矣[2]，自陆羽著《茶经》[3]，文字遂繁[4]。为谱为录[5]，以及诗歌咏赞，云连霞举，奚啻五车[6]。眉山氏有言，穷一物之理，则可尽南山之竹[7]，其斯之谓欤[8]。黄子骧溟著《茶说》十章，论国朝茶政[9]；程幼舆搜补逸典[10]，以艳其传[11]。斗雅试奇，各臻其选，文葩句丽，秀如春烟。读之神爽，俨若吸风露而羽化清凉矣[12]。书成，属予忝订[13]，付之剞劂[14]。夫鸿渐之《经》也以唐，道辅之《品》也以宋[15]，骧溟之《说》、幼舆之《补》也以明。三代异治，茶政亦差，譬寅丑殊建[16]，乌得无文[17]。噫！君子之立言也，寓事而论其理，后人法之，是谓不朽，岂可以一物而小之哉。

岁乙卯[18]，天都逸叟胡之衍题于栖霞之试茶亭[19]。

【注释】

①清赏：指幽雅的景致或清雅的赏玩事物。

②尚：久，远。《小尔雅·广诂一》："尚，久也。"

③陆羽：字鸿渐，一名疾，字季疵，号竟陵子、桑苎翁，唐代复州竟陵（今湖北天门）人。幼年为僧收养于佛寺，好学用功，学问渊博，诗文亦佳，且为人清高，淡泊功名。曾诏拜太子太学、太常寺太祝，皆不就。760年隐居浙江苕溪（今浙江湖州），在亲自调查和实践的基础上，认真总结、悉心研究前人和当时茶叶的生产经验，完成创始之作《茶经》，被尊为"茶神"。

④繁：众多。《小尔雅·广诂》："繁，多也。"

⑤谱：按照事物类别或系统编成的表册、书籍。唐刘知几《史通·表历》："盖谱之建名，起于周代，表之所作，因谱象形。"宋陆游《会稽行》："茶荈可作经，杨梅亦著谱。"

录：文体名，古代一种应用文。南朝梁刘勰《文心雕龙·书记》："是以总领黎庶，则有谱、籍、簿、录……录者，领也。古史《世本》，编以简策，领其名数，故曰录也。"

⑥云连霞举，奚啻（chì）五车：形容做茶谱和茶录，诗歌咏赞的数量之多，像云霞一样连绵万里，何止五车。"连"和"举"此处都用为动词。奚啻，何止，岂止。啻，但，仅，止。常用在表示疑问或否定的字后，组成"不啻"、"匪啻"、"何啻"、"奚啻"等词，在句中起连接或比况作用。车，量词，计算一车所载的容量单位。

⑦穷一物之理，则可尽南山之竹：本句出自苏轼《书黄道辅〈品茶要录〉后》："物有畛而理无方，天下之辩，不足以尽一物之理。达者寓物以发其辩，则一物之变，可以罄南山之竹。"这里指知道一物之理后，万物之理就会多得写不完。穷，尽。

⑧其斯之谓欤：大概就是讲的这个意思吧。其，语气副词，表示推测，可以解释为"大概"。

⑨国朝：本朝，指作者所在的明朝。茶政：茶事。

⑩程幼舆：程百二，字幼舆，号瓦全道人。明万历时刻书家。事迹不详。1615年前后辑《品茶要录补》，有《程氏丛刻》本。他将宋代黄儒《品茶要录》珍本收入丛刻时，自己又从一些茶书中，杂抄了些故事、传说，编作一卷，附在《品茶要录》

明文徵明《品茶图》

之后，故名。逸：散失的，亡失的。《说文解字》："逸，失也。"

⑪艳：此处为使动用法，使文辞华美。

⑫羽化：古代修道士修炼到极致跳出生死轮回、生老病死，是谓羽化成仙。这里指思想达到一定境界以后的状态，达到了物我两忘。

⑬忝订：改正修订。忝，通"添"。

⑭剞劂（jī jué）：刻刀。引申为刻印书籍。

⑮道辅：即黄儒，字道辅，生卒年未详，宋代文学家，建安（今福建建瓯）人，神宗熙宁年间进士。著有《品茶要录》，对茶叶采制与烹试以及鉴别审评茶的品质提出十说，为中国早期系统论述茶叶审评之作。

⑯譬寅丑殊建：这里喻茶政在各朝有不同的指向。寅丑殊建，夏、商、周三代各以不同月份为岁首。夏以寅月（即正月）为岁首，称为建寅，商以丑月（即十二月）为岁首，称为建丑。古代制历受时是朝廷大事。

⑰乌：疑问词，哪，何。

⑱乙卯：指1615年，万历四十三年。

⑲天都：帝王的都城，此处当指南京。逸叟：遁世隐居的老人。胡之衍：生卒不详，明时刊刻家。栖霞：栖霞山。即江苏南京的摄山，其麓有栖霞寺，南朝隐士栖霞在这里修道，所以名栖霞，后以寺名山。

【译文】

茶作为清雅玩赏的事物，由来已久了，自从陆羽著了《茶经》后，有关这方面的文章就越来越多。做茶谱茶录和写诗歌来歌咏赞叹茶的，多得如同云霞一样连绵不断，哪里是区区五车就能够装下。眉山苏轼曾说过，明白了一物之理，就可以推及万物之理，大概就是讲的这个意思吧。黄骧溟著《茶说》十章来论述本朝的茶事，程幼舆搜罗资料，补全佚失的典籍，以此来使它的记叙更加丰富完美。荟萃了各式各样雅致新奇的事物，文辞绮丽华美，如同春日轻烟般秀丽可人。读这些文字令人感觉神清气爽，就像吸吮了清风和雨露，令人飘飘欲仙。

书稿完成后，他就嘱托我替他修订、刻印。唐代有陆羽的《茶经》，宋代有黄儒的《品茶要录》，明代则有黄骧溟的《茶说》和程幼舆的《品茶要录补》。这三个朝代的政治不同，茶事也有差别，就好像夏朝建寅、商朝建丑一样差别重大，这怎么能够没有文字来记录呢。唉，以往君子著书立说，通过某个事情来讲述道理，让后来的人效法学习，这样才能叫做永垂不朽，怎么能够因为一样东西太过细微就轻视它呢？

乙卯年（1615），天都逸叟胡之衍写于栖霞试茶亭。

【点评】

《茶说》篇幅不长，却以洗练而优美的文字，为我们描绘了独步于明的茶饮特质，是明代茶事的精准概论和总结。其中不仅反映了明代丰富的制茶实践经验，而且形成了一定高度的制茶技术理论和茶叶品评标准，其概括性和理论高度都是其他茶书无以比拟的。因此在《序》中胡之衍将其与唐代陆羽《茶经》、宋代黄儒的《品茶要录》相提并论，堪为明代茶书之圭臬。通读《茶说》，含英咀华。作者没有纠结于技术细节的探讨，而是萃取了“采制”、“烹点”中的最精要的部分加以阐释，将自己的哲学思想与美学思想熨帖于那片片绿叶之中，缕缕茶香飘逸出的是那一个时代文人品茶的情趣追求。

总论

茶事之兴[①]，始于唐，而盛于宋。读陆羽《茶经》及黄儒《品茶要录》，其中时代递迁[②]，制各有异。唐则熟碾细罗[③]，宋为龙团金饼[④]。斗巧炫华，穷其制而求耀于世，茶性之真[⑤]，不无为之穿凿矣[⑥]。若夫明兴[⑦]，骚人词客，贤士大夫，莫不以此相为玄赏[⑧]。至于曰采造[⑨]，曰烹点[⑩]，较之唐、宋，大相径庭。彼以繁难胜，此以简易胜；昔以蒸碾为工，今以炒制为工。然其色之鲜白，味之隽永，无假于穿凿[⑪]。是其制不法唐宋之法，而法更精奇，有古人思虑所不到。而今始精备茶事，至此即陆羽复起，视其巧制，啜其清英[12]，未有不爽然为之舞蹈者[13]。故述国朝《茶说》十章，以补宋黄儒《茶录》之后。

【注释】

①茶事：与茶有关的事务。

②递迁：更易变化。

③熟碾细罗：碾茶罗茶，唐宋时烹茶、点茶的程序之一。饮用时先将茶饼敲碎，再用茶碾、茶磨碾细。熟碾，仔细地碾。宋蔡襄《茶录》："碾茶，先以净纸密裹捶碎，然后熟碾。其大要，旋碾则色白，或经宿则色已昏矣。"细罗，细细地罗筛茶末。茶罗以绢作底，以绝细为佳。蔡襄《茶录》："茶罗以绝细为佳，罗底用蜀东川鹅溪画绢之密者，投汤中揉洗以幕之。"宋徽宗赵佶《大观茶论》："罗欲细而面紧，则绢不泥而常透……罗必轻而平，不厌数，庶几细者不耗。惟再罗，则入汤轻泛，粥面光凝，尽茶色。"

越窑"成茶汤"茶碾

④龙团金饼：指龙凤团茶，是北宋的贡茶。在北宋初期的太平兴国二年（977），宋太宗遣使至建安北苑（今福建建瓯东峰镇），监督制造皇家专用茶，因茶饼上印有龙凤形的纹饰，就叫"龙凤团茶"。金饼，指

龙团凤饼茶的珍贵、贵重。欧阳修《龙茶录后序》记：“庆历中，蔡君谟为福建路转运使，始造小片龙茶以进。其品绝精，谓之小团，凡二十饼重一斤，其价直金二两。然金可有，而茶不可得。每因南郊致斋，中书、枢密院各赐一饼，四人分之。宫人往往缕金花于其上，盖其贵重如此。”

⑤真：自然，本性，本质。《庄子·齐物论》：“无益损乎其真。”

⑥穿凿：犹牵强附会，这里指偏离本真。

⑦若夫：句首语气词。用以引起下文，有“至于说到……”的意思。范仲淹《岳阳楼记》：“若夫淫雨霏霏，连月不开。”

⑧玄：通“炫”，炫耀。《正字通·玄部》：“玄，与炫同。”

⑨采造：采摘制作。

⑩烹点：煮茶点茶，煮水点茶。唐代主要使用煮茶法，其法，是在锅中将水烧开到适宜程度时，将茶末放入，用茶筴搅拌，等到煮出汤花沫饽，再分盛到茶碗中饮用。宋代主要使用点茶法，其法，将碾好罗细的适量茶末直接放在茶碗中，用汤瓶烧开水，先放少量开水入茶碗将茶末调成膏糊状，再用汤瓶边冲入开水边用茶筅击拂，至茶汤表面形成汤花，即可直接饮用。

⑪假：凭借，依托。

⑫清：干净，洁净。《诗经·大雅·凫鹥》：“尔酒既清，尔殽既馨。”英：精华。韩愈《进学解》：“含英咀华。”

⑬爽：舒适，畅快。

【译文】

茶事的兴起，始于唐代，兴盛于宋代。读陆羽的《茶经》和黄儒写的《品茶要录》，那里面可以看到随着时代变迁，茶叶的制作工艺各有差异。唐时讲究仔细地碾茶罗茶，宋朝时将茶叶做成龙团凤饼。攀比精巧炫耀华丽，各种茶叶制作工艺极尽细致与工时繁多之能事，以求能够在世上显耀，而茶的真实的本性，却没有不被歪曲的。到了明朝建立之后，文人词客，贤士官员，无不将茶作为相互炫耀欣赏的东西。但是所说的采茶制茶、煮茶点茶的工艺，和唐、宋时相比差异很大。唐、宋制茶凭借繁琐的工艺取胜，如今凭借简便易行取胜；过去蒸茶、碾茶是主要工艺，如今炒制为主要工艺。然而茶颜色新鲜嫩白，味道回味深长，一点也不比古人那些繁复加工出来的茶差。这是如今的制茶工艺虽不效法唐宋的做法，但工艺更加精湛神奇，有古人思虑不及的地方。如今才算是让茶事精致完备了，此刻即便是陆羽再生，看到精巧的制茶工艺，品味茶叶清纯洁净的精华，不可能不感到畅快而手舞足蹈的。所以我记述本朝《茶说》十章，以此来填补宋朝黄儒《茶录》之后的空白。

【点评】

茶之于明，风尚为之一变：叶茶瀹饮之法，日渐替代唐宋饼茶碾煎之法。也就是说茶叶不再被捣烂加工成茶饼，而是经做青，主要是炒青之后，直接保存备用。饮用之时将茶叶放到壶中或茶碗中，用开水冲泡。瀹饮法“简便异常，天趣悉备，可谓尽茶之真味矣”（文震亨《长物志》）。“彼以繁难胜，此以简易胜；昔以蒸碾为工，今以炒制为工。”制作程序化繁为简直接导致了明代茶风转向简约清淡。这种简约清淡体现“真味”的茶风正与明代追求“真性”、“真情”的时代精神风云际会，演化成了独具特色的茶道思想和品饮规范。

《茶说》形成了明代颇具代表性的散茶审评的经验总结，通过嗅觉、味觉、视觉、触觉等方式，从色、香、味、形诸角度来鉴别茶叶的品质，是现代茶叶感官审评的理论基础。传载了中国茶饮所具有的清淡、质朴而隽永的文化意蕴。

一之产

茶之所产，无处不有，而品之高下，鸿渐载之甚详。然所详者，为昔日之佳品矣，而今则更有佳者焉。若吴中虎丘者上[①]，罗岕者次之[②]，而天池、龙井、伏龙则又次之[③]。新安松萝者上[④]，朗源沧溪次之[⑤]，而黄山磻溪则又次之[⑥]。彼武夷、云雾、雁荡、灵山诸茗[⑦]，悉为今时之佳品。至金陵摄山所产[⑧]，其品甚佳，仅仅数株，然不能多得。其余杭浙等产，皆冒虎丘、天池之名，宣、池等产[⑨]，尽假松萝之号。此乱真之品，不足珍赏者也。其真虎丘，色犹玉露，而泛时香味若将放之橙花。此茶之所以为美。真松萝出自僧大方所制[⑩]，烹之色若绿筠[⑪]，香若兰蕙，味若甘露，虽经日而色香味竟如初烹而终不易。若泛时少顷而昏黑者，即为宣、池伪品矣，试者不可不辨。又有六安之品[⑫]，尽为僧房道院所珍赏，而文人墨士则绝口不谈矣。

【注释】

①吴中：吴郡中部。古时吴郡治吴县（今江苏苏州），辖今苏南浙北，包括杭州在内。虎丘：即虎丘山。在江苏苏州西北阊门外，一名海涌山。相传春秋时吴王阖闾葬于此，三日有虎踞其上，故名。《越绝书·外传记吴地》：“阖庐冢在阊门外，名虎丘。”虎丘山产茶，顾湄在康熙十五年（1676）修的《虎丘山志》中具体描述虎丘茶的特点是：“叶微带黑，不甚苍翠，点之色白如玉，而作豌豆香，宋人呼为白云花。”清代陈鉴在《虎丘茶经注补》中也记载了虎丘茶，他说虎丘茶树开的花“比白蔷薇而小，茶子如小弹”。

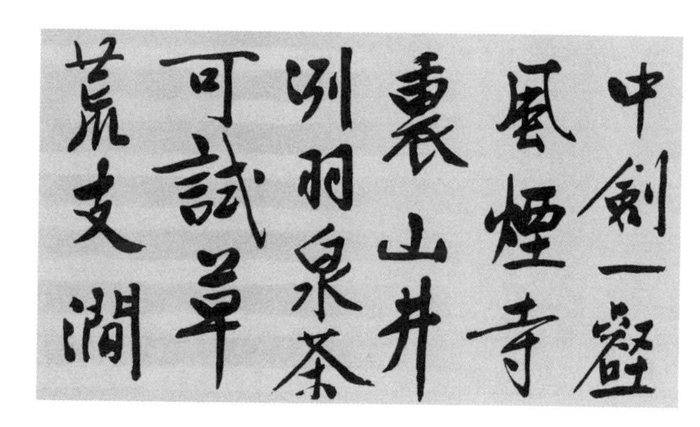

明文徵明《游虎丘诗》

②罗岕（jiè）：茶名，产于浙江长兴，又称岕茶，是明清时的名茶。许次纾《茶疏》：“近日所尚者，为长兴之罗岕，疑即古人顾渚紫笋也。介于山中谓之岕，罗氏隐焉故名罗。然岕故

有数处，今惟洞山最佳。”

③天池：天池山，位于苏州西南十五公里藏书镇境内，与姑苏名山天平山、灵岩山一脉相连，是浙江天目山的余脉。因半山坳中有天池，故而得名。龙井：在浙江杭州风篁岭，本名龙泓，亦名龙泉。其地产茶名龙井茶，有雨前明前之别，世多珍之。伏龙：伏龙山，位于浙江慈溪龙山镇境内，北临杭州湾，南为锦屏丘陵，因为像巨龙赴海而得名，山有上伏龙寺。

④新安：指安徽徽州一带，位于新安江上游，古称新安，宋徽宗宣和三年（1121），改歙州为徽州，从此历宋、元、明、清四代，统一府六县（歙县、黟县、休宁、婺源、绩溪、祁门），辖境为今安徽黄山、绩溪及江西婺源。松萝：松萝山，位于安徽休宁城北约十五公里，所产松萝茶是明清最著名的名茶。明代袁宏道有“近日徽人有送松萝茶者，味在龙井之上，天池之下”的记述。明代谢肇淛云：“今茶品之上者，松萝也，虎丘也，罗岕也，龙井也，阳羡也，天池也。”清代冒襄《岕茶汇抄》云：“计可与罗岕敌者，唯松萝耳。”清代江登云《素壶便录》中亦云：“茶以松萝为胜，亦缘松萝山秀异之故。山在休宁之北，高百六十仞，峰峦攒簇，山半石壁且百仞，茶柯皆生土石交错之间，故清而不瘠，清则气香，不瘠则味腴。而制法复精，故胜若地处产也。”

⑤朗源：朗源山，位于安徽休宁万安镇。东与今徽州区、歙县接界，北与黄山相望，南临新安江上游，西与松萝山同脉。

⑥黄山：原名黟山，古代别名岗山。唐天宝六载（747），唐玄宗根据轩辕黄帝在这里采药炼丹得道升天的传说，改其名为黄山。黄山位于安徽省南部，处在歙县、黟县、太平县、休宁县之间，是长江与钱塘江两大水系的分水岭。磻（pán）溪：溪名，在今安徽歙县境内，相传是姜太公钓鱼的地方。郦道元《水经注·清水》：“城西北有石夹水，飞湍浚急，人亦谓之磻溪，言太公尝钓于此也。”

⑦武夷：武夷山，位处中国福建西北部，江西东部，福建与江西交界处。所产茶在宋代既已著名，至元代成为官焙御茶园所在。明以后至今，武夷山一直是中国的名茶产区。

云雾：云雾山，在今安徽舒城西南四十里。《方舆纪要》卷26舒城县：云雾山在“县南四十里。山高耸，云出必雨”。雁荡：雁荡山，位于浙江温州东北部海滨。灵山：位于江苏无锡境内，佛教名山。

⑧金陵：古邑名，今南京市的别称。战国楚威王七年（前333）灭越后在今南京市清凉山（石城山）设金陵邑。南朝齐谢朓《鼓吹曲·入朝曲》：“江南佳丽地，金陵帝王州。”摄山：即栖霞山，位于南京城东北22公里。

⑨宣、池：宣州、池州。宣州，今安徽宣城，位于安徽东南部。古代州郡名称，治所在今安徽宣城宣州区。池州，位于安徽西南部。

⑩真松萝出自僧大方所制：指大方和尚创制的松萝茶。据明代冯时可《茶录》记述：“徽郡向无茶，近出松萝茶，最为时尚。是茶，始比丘大方，大方居虎丘最久，得采造法，其后于徽之松萝结庵，采诸山茶于庵焙制，远迩争市，价倏翔涌。人因称松萝茶，实非松萝所出也。是茶，比天池茶稍粗，而气甚香，味更清，然于虎丘，能称仲，不能伯也。”

⑪筠（yún）：竹子的青皮，竹皮。《广韵》：“筠，竹皮之美质也。”

⑫六（lù）安：位于安徽西部，长江与淮河之间，大别山北麓。

【译文】

茶的产地全国到处都有，然而茶的品质有高下的区分，陆羽对此作过详细记载。但是他详细记载的也只是过去的好茶，现在又有品质更好的茶。像吴中地区产的虎丘茶就是上等好茶，罗岕茶差一等，而天池、龙井、伏龙就是又次一等的茶了。新安松萝茶为上品，朗源沧溪茶次一等，黄山的磻溪茶就更次些。那些产于武夷、云雾、雁荡、灵山的茶，都是当今的上等茶。至于金陵摄山产的茶，品质极好，但仅有几株，产量很少，不能多得。其余杭州及浙江其他地区产的茶，都假冒虎丘茶和天池茶，宣州、池州等地产的茶都假冒松萝茶。这些以假乱真的茶，是不值得人们珍惜、品赏的。真正的虎丘茶，颜色像玉露般透亮，冲泡时散发出橙花初绽的香味。这就是茶之所以美好的地方。真正的松萝茶由茶艺精湛的僧人大方制作，冲泡后的茶色碧绿如竹，香气如兰蕙，味醇像甘露，即使经过数天，它的颜色、香气、味道居然也能像刚开始冲泡时那样而始终不会改变。如果冲泡没多久就变成暗黑色，便是宣、池地区产的假松萝茶，品尝者不能不加以区分。还有六安产的茶，都被僧人和道家珍藏起来品赏，因此文人墨客对此就闭口不谈了。

【点评】

明代流行芽茶、叶茶等散茶，团茶、饼茶日趋式微，炒青绿茶迅速发展，各种散茶名品崛起。其中值得注意的是徽茶的崛起。明中期，冯时可《茶录》中感慨“徽郡向无茶，近出松萝茶，最为时尚”。而詹景风《明辨类函》记载：“吾新安六邑，并有佳茶。出茶之地不一。而黄山榔源步郎者胜。茶之品不一，而名雀舌者优。”明代徽州六县均生产茶叶，而且名优茶迭出，《茶说》所列名品中，徽茶差不多占了一半。明中叶以后，徽州茶叶崛起，不仅品种繁多，而且质量优良，为徽商提供了充足而优质的货源。著名的松萝茶问世，更使徽茶盛名远播，畅销四方，大大刺激了徽州的茶叶生产。明中后期茶业之盛，由此可见一斑。

二之造

采茶，应于清明之后，谷雨之前，俟其曙色将开[①]，雾露未散之顷，每株视其中枝颖秀者取之[②]。采至盈簏即归[③]，将芽薄铺于地，命多工挑其筋脉[④]，去其蒂杪[⑤]。盖存杪则易焦，留蒂则色赤故也。先将釜烧热[⑥]，每芽四两作一次下釜，炒去草气，以手急拨不停。睹其将熟，就釜内轻手揉卷，取起铺于箕上[⑦]，用扇扇冷。俟炒至十余釜，总覆炒之。旋炒旋冷[⑧]，如此五次。其茶碧绿，形如蚕钩，斯成佳品。若出釜时而不以扇，其色未有不变者。又秋后所采之茶，名曰“秋露白”；初冬所采，名曰“小阳春”。其名既佳，其味亦美，制精不亚于春茗。若待日午阴雨之候，采不以时，造不如法，簏中热气相蒸，工力不遍，经宿后制[⑨]，其叶会黄，品斯下矣。是茶之为物，一草木耳。其制作精微，火候之妙，有毫厘千里之差[10]，非纸笔所能载者。故羽云：“茶之臧否，存乎口诀。”[11]斯言信矣。

【注释】

①曙：天刚亮。

②视其中枝颖秀者取之：语出陆羽《茶经》卷上《三之造》：“选其中枝颖拔者采焉。”颖秀，挺拔茁壮。

③籯（yíng）：筐笼一类的盛物竹器。陆羽《茶经》记载的一种采茶用具。用竹编织而成，采茶时背在身后，容量为五升到三斗之间。

④筋脉：指茶叶梗。

⑤蒂杪（miǎo）：茶的蒂头和尖梢。蒂，花或瓜果跟枝茎相连接的部分。这里指茶的蒂头，宋时称“乌蒂”。杪，树木末端，树梢。此处指茶芽叶的叶尖部分。

⑥釜（fǔ）：古炊器，敛口圜底，或有二耳。有铁制、铜制或陶制。

⑦箕（jī）：簸箕，扬米去糠的竹编器具。《说文》：“箕，簸也。”

⑧旋：立即。

⑨宿：隔夜的。

红木茶籯

⑩毫厘千里之差：开始时虽然相差很微小，结果会造成很大的错误。《周易经传集解》："差之毫厘，则缪以千里。"毫、厘，量词。两种极小的长度单位。厘，一市尺（33.33厘米）的千分之一为一厘。十毫为一厘。汉贾谊《新书·六术》："数度之始，始于微细，有形之物，莫细于毫，是故立一毫以为度始。"

⑪茶之臧否（zāng pǐ），存乎口诀：此句出自陆羽《茶经》卷上《三之造》，唯前句原文为"茶之否臧"。臧否，与"否臧"义同，成败，善恶，优劣。否，恶。臧，善。黄宗羲《陈令升先生传》："当世文章家，指摘其臧否，咸中要害。"

【译文】

采茶的时间，应该是在清明之后，谷雨之前，等到天刚亮，雾气、露珠还未消散的时候，选每株茶树上枝叶茁壮的采摘。竹筐采满了马上回去，将芽叶摊薄铺在地上，让众多工人挑出茶叶梗，摘去茶叶蒂头和梢尖。这是因为梢尖如果没有除掉容易炒焦，保留着蒂头茶色就会变红。炒茶时，先将锅烧热，每次放四两芽叶下锅，用手快速不断地翻动，将茶叶的草气炒掉。看到茶快要炒熟的时候，就在锅中用手轻轻地揉，将茶叶揉卷成条状，然后把茶叶取出来铺在簸箕上，用扇子扇凉。等炒了十多锅，把之前炒过的茶叶又都倒进锅里再一起炒。快速炒完马上扇凉，这样反复操作五次。炒出来的茶，颜色碧绿，形状像蚕钩，这样就制成了上等茶。如果出锅时不用扇扇凉，那么以后茶的颜色没有不改变的。立秋后采制的茶，

摊放茶叶

名叫“秋露白”；初冬时采制的茶，名叫“小阳春”。不仅名字好听，也很美味，制作的精细程度不亚于春茶。如果等到中午或阴天下雨的时候采摘，不按适宜的时间采摘，制作的方法不合乎要求，竹笼中芽叶的热气互相蒸腾，人工拣择不干净，过了一夜制作的茶叶，叶子就会变黄，茶的品质就差了。茶只是一种植物，但制作过程中的精细程度和火候控制的微妙只要稍有不同，茶的品质就有巨大的差别，这就不是纸笔所能记录下来的。因此陆羽曾说：“鉴别茶的品质好坏，存有口诀。”这话确实如此。

【点评】

基于对茶叶生物学特性的认识加强，黄龙德提出要“采以时”、“造以法”的观点。

“采以时”体现在采茶的季节和时间上，春茶采摘不再刻意求早，谷雨前后为春茶采摘适宜期。秋、冬季不同时间采制的茶叶，茶品质不同。当日具体的采摘时间，唐代陆羽《茶经》提出“凌露”采茶原则，黄德龙承继了这一观点，认为应该在“曙色将开，雾露未散”的时候采摘。

“造以法”则体现在制作的每一道工序。茶叶采摘后必须摊放、拣择。将鲜叶薄摊于地，既便于拣择，同时又使茶不堆积，免致因积压而产生高温导致茶叶轻度发酵而制不成好的绿茶。摊放可以散发部分水分，使茶叶变得相对柔软，更利于后续的茶叶加工，此后鲜叶摊放已经成为茶叶生产的一个基本工序。精心拣择，“命多工挑其筋脉，去其蒂杪”是获得茶叶气味俱佳的必要条件。这个方法最初当为虎丘茶所用，而据冯时可《茶录》，僧大方学得虎丘茶法制作松萝茶，而闻龙《茶笺》即已将拣择之法称为松萝法，“茶初摘时，须拣去枝梗老叶，惟取嫩叶。又须去尖与柄，恐其易焦，此松萝法也”。可见松萝茶对拣择之法特别重视。而六安瓜片的制法，或许就是对这一制茶法的继承与发展。

炒制时则要边炒边揉、旋炒旋冷。边炒边揉，一则可以将茶叶揉成条索状，一则在烹点时茶汁容易浸出。罗禀《茶解》：“茶炒熟后，必须揉挼，揉挼则脂膏镕液，少许入汤，味无不全。”旋炒旋冷，通过扇风扇掉热气和水汽，以免破坏叶绿素而使茶变黄。相当于现代的透气炒法。

黄龙德以顺应茶叶物性、保全茶叶真味不受损害为原则，总结出边炒边揉、旋炒旋冷的办法，堪称明代绿茶炒制法的最佳总结。

三之色

茶色以白、以绿为佳，或黄或黑失其神韵者[①]，芽叶受奄之病也[②]。善别茶者，若相士之视人气色[③]，轻清者上，重浊者下[④]，瞭然在目[⑤]，无容逃匿[⑥]。若唐宋之茶，既经碾罗，复经蒸模[⑦]，其色虽佳，决无今时之美。

【注释】

①或：有的。神韵：风度韵致。这里指茶叶色泽的自然。

②受奄（yǎn）之病：指茶叶杀青后未及时摊凉及时揉捻，或揉捻后未及时烘干、炒干，堆积过久，会使茶叶变黄。闻龙《茶笺》：“散所炒茶于筛上，阖户而焙。上面不可覆盖，以茶叶尚润，一覆则气闷罨黄。”奄，覆盖。病，缺点，错误。

③若相士之视人气色：本句出自宋蔡襄《茶录》：“善别茶者，正如相工之视人气色也。”相士，相师，旧时以谈命相为职业的人。

④轻清者上，重浊者下：本句出自《周易述》引《广雅·释天》：“太初，气之始也，生于酉仲，清浊未分也。太始，形之始也，生于戌仲，清者为精，浊者为形也。太素，质之始也，生于亥仲，已有素朴而未散也。三气相接，至于子仲，剖判分离，轻清者上为天，重浊者下为地，中和为万物。”

⑤瞭然在目：一眼就看得很清楚。瞭然，即“了然”，清楚，明白。

⑥无容：不允许，不让。匿（nì）：隐藏，隐瞒。

⑦既经碾罗，复经蒸模：此二句黄氏叙述前后倒置，当为“既经蒸模，复经碾罗”，

说的是唐宋时代以蒸青法制饼茶，饮用时用经过碾磨筛细的末茶煮饮、点饮法。蒸模，指唐宋时代蒸茶和用棬模压制饼茶。碾罗，用茶碾茶磨碾茶，用茶罗筛茶。

【译文】

茶叶色泽以白色、绿色为佳，有的发黄发黑，失去了茶叶色泽的自然韵致，这是芽叶未能及时制作堆积过久而产生的问题。擅长鉴别茶叶的人，就像相面的人会看人的气色一样，轻清透彻的浮在上面，沉重浑浊的沉到下面，清清楚楚，一点也逃不过他的眼睛。像唐宋的茶叶，制时经过蒸茶和压制，饮时再经过碾磨和筛细，茶色即使好，也绝对没有现在茶的色泽美好。

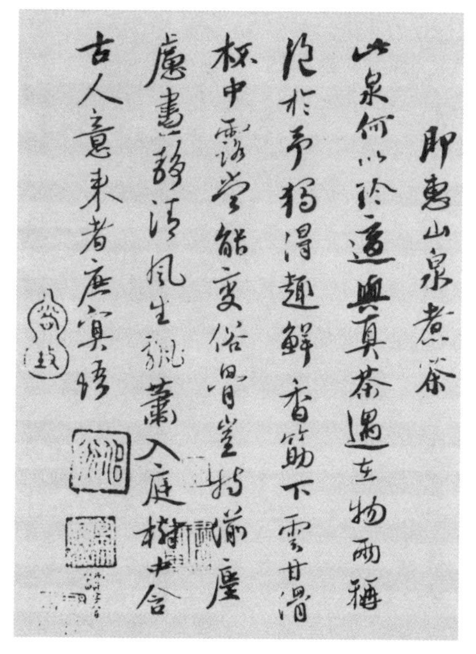

宋蔡襄《即惠山泉煮茶》

【点评】

蔡襄《茶录》记宋人评茶以“茶色贵白”，所以宋代采茶争先摘早，一取春茶幼嫩芽叶色白，二以榨茶等法使茶尽量去绿色。明代采摘不再贵早，以适时为宜，故“以白、以绿为佳”。成品干茶绿色而带白毫，茶汤浅绿，已经接近了近现代名优茶品质的要求。

四之香

茶有真香，无容矫揉①。炒造时草气既去，香气方全，在炒造得法耳。烹点之时，所谓“坐久不知香在室，开窗时有蝶飞来”②。如是光景，此

清余集《献茶图》

茶之真香也。少加造作[3]，便失本真[4]。遐想龙团金饼，虽极靡丽[5]，安有如是清美？

【注释】

①矫揉：故意做作。此处指宋代建安北苑贡茶曾经添加龙脑等香料以增加茶的香气。此法在北宋中期即为蔡襄《茶录》所批评：“茶有真香，而入贡者微以龙脑和膏，欲助其香，建安民间试茶皆不入香，恐夺其真……正当不用。”但直到宋徽宗《大观茶论》中的不认可，这种做法才告停止。

②坐久不知香在室，开窗时有蝶飞来：出自元余同麓《咏兰》：“手培兰蕊两三栽，日暖风和次第天。坐久不知香在室，推窗时有蝶飞来。”

③少：通“稍”，稍微。

④本真：犹天性，本性。明宋濂《报恩说》：“爱如魑魅，幻化不一，能迷惑一切修善之士，颠倒错缪，丧其本真。”

⑤靡丽：精美华丽。《孔子家语·刑政》：“文锦珠玉之器，雕饰靡丽，不粥于市。”靡，浪费，奢侈。

【译文】

茶叶有自身真实的香气，不需要故意去做作制造。炒制茶叶时，将草味去掉后，茶的香气才会全部散发出来，这是用了适合的方法炒制茶叶罢了。烹水冲泡饮茶之时，就会如诗人所说：“在室内坐久了便闻不到香味，开窗的时候却有蝴蝶寻香飞进来。”这样的景象，才是茶最真实的香味。稍微添加人为的东西，便失去了茶本真的味道。想想过去的龙团金饼，虽然极其精美华丽，怎么会有如此清新美好呢？

【点评】

“茶有真香，无容矫揉”，这是诉诸嗅觉对茶香的审评标准。那么什么是真香呢？也就是茶本身的香味。黄龙德将之譬为如同兰蕙的幽芳，清新淡雅：“坐久不知香在室，开窗时有蝶飞来。”不管人能否闻到，喜不喜欢，都真实地存在在那里。不同品质的茶，香味不同，如张源《茶录》“茶有真香，有兰香，有清香，有纯香”，罗廪《茶解》“香如兰为上，如蚕豆花次之”，都不约而同地将拥有“兰香”之茶视为上品，逐渐形成了审评茶叶香气的术语。

五之味

茶贵甘润[①]，不贵苦涩，惟松萝、虎丘所产者极佳，他产皆不及也。亦须烹点得应[②]。若初烹辄饮，其味未出，而有水气。泛久后尝，其味失鲜，而有汤气。试者先以水半注器中，次投茶入，然后沟注[③]。视其茶汤相合，云脚渐开[④]，乳花沟面[⑤]。少啜则清香芬美，稍益润滑而味长，不觉甘露顿生于华池[⑥]。或水火失候[⑦]，器具不洁，真味因之而损，虽松萝诸佳品，既遭此厄，亦不能独全其天。至若一饮而尽，不可与言味矣。

【注释】

①甘润：甘甜滋润。北魏贾思勰《齐民要术·枣》："熟赤如朱，干之不缩，气味甘润，殊于常枣，食之，可以安躯益气力。"

②得应：适合。

③先以水半注器中，次投茶入，然后沟注：此为泡茶之中投法。明张源《茶录》："投茶有序，毋失其宜。先茶后汤曰下投；汤半下茶，复以汤满，曰中投；先汤后茶曰上投。春秋中投，夏上投，冬下投。"沟注，将水注入杯中。沟，水注入到山谷里。《尔雅》："水注谷曰沟。"

④云脚：宋人点茶专用术语。指茶少水多时，茶汤表面的茶沫有的浮漂在水面，有的沉在水中，如同云脚一样散乱。宋梅尧臣《宋著作寄凤茶》："云脚俗所珍，鸟觜夸仍众。"

⑤乳花：烹茶点茶时茶汤表面形成的乳白色茶沫饽。唐李德裕《故人寄茶》诗："碧流霞脚碎，香泛乳花轻。"宋梅尧臣《得雷太简自制蒙顶茶》诗："汤嫩乳花浮，香新舌甘永。"

⑥甘露：甜美的雨露。《老子》："天地相合，以降甘露。"华池：口的舌下部位，泛指口。《太平御览》卷三六七引《养生经》："口为华池。"

⑦失候：错过适当的时刻。北魏贾思勰《齐民要术·造神麹并酒》："但候麹香沫起，便下酿。过久，麹生衣，则为失候；失候，则酒重钝，不复轻香。"

【译文】

茶叶的味道贵在甘甜滋润，而不是又苦又涩，只有松萝、虎丘所生产出来的茶叶味道最好，其他地方产的茶都比不上。但也必须烹点拿捏得恰到好处。如果茶刚刚泡就喝，茶的味道还没出来，就会有水的味道。泡的时间很长了再喝，茶叶就失去新鲜的味道，且味道太重。泡茶的人先在茶杯中倒入一半的开水，再放茶叶进去，然后再将水注满杯中。看到茶叶和水相融合，茶叶渐渐展开，乳白色泡沫漂浮在杯中之水的表面。喝一小口就感到唇齿间有清鲜芳香美味，多喝点就感到润滑而且滋味深长，不知不觉那甜美的甘露马上就在口中滋生出来。假如煮茶的水温与火候不恰当，器物茶具不洁净，茶本身的味道就会因此受到损害，即使是松萝这样的好茶，遭受这样的灾难，也不能单独保全它的天然味道。至于像那种一口气就喝完的，不可能跟他谈什么味道了。

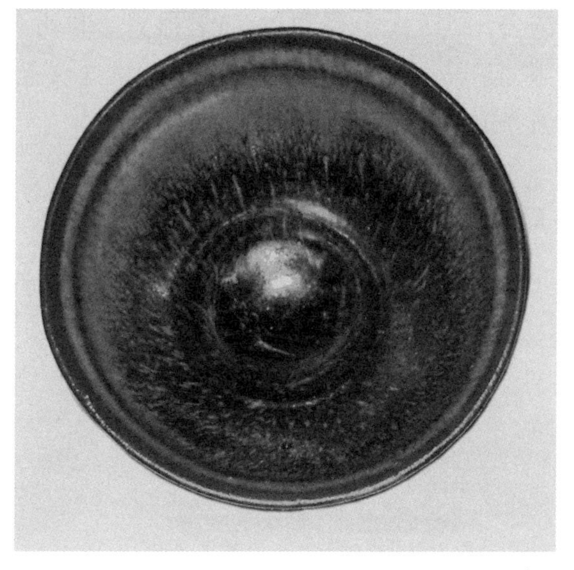

建盏

【点评】

“茶贵甘润，不贵苦涩”，这是诉诸味觉对茶味的审评标准。与张源《茶录》“味以甘润为上，苦涩为下”，程用宾《茶录》“甘润为至味，清淡为常味，苦涩味斯下矣”评审茶汤滋味的标准基本一致。要得到甘润之茶味，候汤、投茶、冲泡、品饮每个过程都细致入微，尤其重视品茶过程的愉悦：先啜后饮，让舌头和味蕾充分接触茶汤，满口生津，细细品尝。作者调动了所有感官细致入微地感受茶的滋味，既是对口腹之欲的满足，又是一种精神上的享受，是人与茶的物我合一。

六之汤

汤者，茶之司命[①]，故候汤最难[②]。未熟，茶浮于上，谓之婴儿汤[③]，而香则不能出。过熟，则茶沉于下，谓之百寿汤[④]，而味则多滞[⑤]。善候汤者，必活火急扇[6]，水面若乳珠，其声若松涛，此正汤候也。余友吴润卿，隐居秦淮[7]，适情茶政[8]，品泉有又新之奇[9]，候汤得鸿渐之妙，可谓当今之绝技者也。

【注释】

①汤者，茶之司命：语出唐苏廙《十六汤品》。汤，热水，开水。这里指泡茶时用的热水。司命，神名，掌管生命的神。此喻指开水掌控茶味道的好与坏。司，掌管，控制。命，命运。

②候汤最难：语出宋蔡襄《茶录》上篇《论茶·候汤》。候汤，掌握煎水的适宜程度。古人对于煮泡茶水烧开程度的重视，始自陆羽《茶经·五之煮》，此后历代茶人都相当看重。

③婴儿汤：嫩汤，指未沸之水。《十六汤品》：“第二品，婴汤。薪火方交，水釜才炽，急取旋倾，若婴儿之未孩，欲责以壮夫之事，难矣哉！”

④百寿汤：老汤。指沸腾时间过长的水，沏茶无味。《十六汤品》：“第三品，百寿汤（一名白发汤）。人过百息，水逾十沸，或以话阻，或以事废，始取用之，汤已失性矣。”

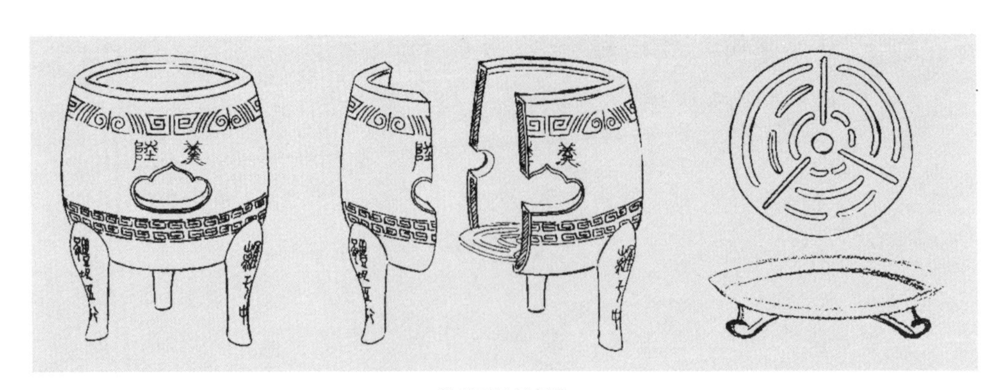

陆羽风炉示意图

⑤滞：凝积，不流通。《说文》："滞，凝也。"

⑥活火：明火，有火苗的火。这里为使动用法，意为使火焰明烈。

⑦秦淮：河名，南京第一大河。是长江下游右岸的一条支流，位于江苏西南部。秦淮河分内河和外河，内河在南京城中，素为"六朝烟月之区，金粉荟萃之所"，更兼十代繁华，是南京城最繁华之地，被称为"十里秦淮"。

⑧适情：顺适性情。宋梅尧臣《永叔内翰作五言以叙之》："我辈唯适情，一叶未尝摘。"明谢榛《四溟诗话》卷二："诗，适情之具。"茶政：茶事。

⑨又新：唐张又新，著有《煎茶水记》。

【译文】

泡茶用的热水是茶味道好坏的关键，所以说掌握水烧开的程度最难。如果水没有烧到足够开，茶叶就会漂浮在水面上，叫做"婴儿汤"，那么茶香就无法散发出来。如果水烧得过开，茶叶就会沉到水下，叫做"百寿汤"，那么茶味就凝滞。善于烧水的人，一定会快速地煽动扇子使火焰明烈，使水的表面像乳白色的珍珠滚动，发出像松涛一般沸腾的水声，这才是水烧到了合适的时候。我的朋友吴润卿，在秦淮一带隐居，喜欢研习茶事，品评泉水有张又新般新奇的见解，烧水候汤领悟到了陆羽的妙法，可以说是现在有煮水烹茶绝技的人了。

【点评】

"汤者，茶之司命，故候汤最难"，这是对"候汤"重要性的高度概括。明代泡饮法成为品饮的主要方式，因用叶茶简化了点茶法的许多程序，如炙茶、碾茶、过罗等步骤，煮水便成了重要一环，泡茶的水煮得如何，对茶汤的质量影响很大，所以烧火候汤的重要性不亚于茶品、水品和茶具。因此明代非常讲究煮水火候，田艺蘅《煮泉小品》说后世人说："汤嫩则茶力不出，过沸则水老而茶乏。"冯时可《茶录》提出"三辨法"来判断水是否煮得恰到好处："汤有三辨，形辨，声辨，气辨。"黄龙德提出运用形辨"水面若乳珠"和声辨"其声若松涛"来观察控制水烧开的老嫩程度，明人之科学细致精神毕现。

七之具

器具精洁，茶愈为之生色。用以金银，虽云美丽，然贫贱之士未必能具也。若今时姑苏之锡注①，时大彬之砂壶②，汴梁之汤铫③，湘妃竹之茶灶④，宣、成窑之茶盏⑤，高人词客⑥，贤士大夫，莫不为之珍重。即唐宋以来，茶具之精，未必有如斯之雅致。

【注释】

①姑苏：即苏州，古代又称吴郡、平江府。位于今江苏东南太湖之滨，长江三角洲中部。锡注：锡制的小壶。

②时大彬（1573—1648）：明万历至清顺治年间人，是著名的紫砂“四大家”之一时朋的儿子，是供春之后影响最大的壶艺家。他总结了整套制壶工艺，对紫砂陶的泥料配制、成型技法、造型设计与铭刻，都极有研究，改进了泥片拍打、镶接成形的艺术，至今仍为紫砂业遵循。他的早期作品多模仿供春大壶，后听从陈继儒等文人的建议，改作大壶为小壶，使紫砂壶更适合文人的饮茶习惯，把文人情趣引入壶艺，使壶艺与茶道相结合，

明时大彬壶

把壶艺推进到了一个新的高度。

③汴梁：指北宋东京汴梁，现河南开封。铫（diào）：一种带柄有嘴的小锅。

④湘妃竹之茶灶：以斑竹制成的方形煎茶风炉，盛行于明代，以耐高温的泥土搪其内，用以防其炙燃。也称作“苦节君”，取其虽每日经受火焰炼炙，仍能够保持其操守之意。首见于明顾元庆《茶谱》引录“惠麓茶仙”锡山盛颙“竹炉并分封六事”。惠山竹炉在明清两代享有盛名，明代王绂曾为作《竹炉煮茶图》，清代遭毁后，董诰于乾隆庚子（1780）仲春，奉乾隆皇帝之命，复绘一幅，因此称“复竹炉煮茶图”。今存明王问《煮茶图》，可见竹炉形象。湘妃竹，表面有紫褐色斑点的竹子，又名斑竹，产于湖南、河南、江西、浙江等地。竹竿和分枝布满紫褐色云纹斑点。茶灶，烹茶的小炉灶。

⑤宣、成窑之茶盏：宣窑、成窑的茶盏。宣窑为明宣宗宣德（1426—1435）年间在江西景德镇所设的官窑；成窑指宪宗成化（1465—1487）年间的官窑。

⑥高人：指才识超人的人。宋苏轼《净因院画记》：“世之工人，或能曲尽其形，而至于其理，非高人逸才不能办。”词客：擅长文词的人。

【译文】

煮茶的器具越精致洁净，越能衬托出茶色之美。用金银来制作茶具，虽然美丽华丽，但是贫寒低下的人未必能够拥有。像当今苏州的锡制小壶，时大彬的紫砂壶，开封的汤铫，湘妃竹的茶灶，宣窑、成窑的茶盏，高士和词人，贤士和官员，没有人不认为它们十分珍贵重要。从唐宋至今，茶具的精致程度，还没有像现在这样雅致的。

明永乐凤凰三系把壶

【点评】

“器具精洁，茶愈为之生色。”茶具的作用不仅在于煮水盛汤，更能使茶锦上添花。这是对茶具实用价值与美学价值的概括。唐宋多尚金银茶具，明人却追求简朴自然，砂壶竹灶，锡注瓷盏，古朴自然之物性与文人精致细腻的审美追求浑然一体，一派天然而又不流于粗鄙。一壶一器之中蕴含了明人平朴、自然、坚韧而灵逸的境界。

八之侣

茶灶疏烟，松涛盈耳，独烹独啜[①]，故自有一种乐趣。又不若与高人论道，词客聊诗，黄冠谈玄[②]，缁衣讲禅[③]，知己论心，散人说鬼之为愈也[④]。对此佳宾，躬为茗事[⑤]，七碗下咽而两腋清风顿起矣[⑥]。较之独啜，更觉神怡。

【注释】

①啜：尝，喝。

②黄冠：道士所戴束发之冠。用金属或木类制成，其色尚黄，故曰黄冠，因此也作为道士的别称。唐求《题青山范贤观》诗：“数里缘山不厌难，为寻真诀问黄冠。”玄：玄学，中国魏晋时期出现的一种崇尚老庄的思潮，一般特指魏晋玄学。“玄”这一概念，最早见于《老子》：“玄之又玄，众妙之门。”王弼《老子指略》说：“玄，谓之深者也。”玄学即是研究幽深玄远问题的学说。

③缁（zī）衣讲禅：与僧人探究禅理。缁衣，本意为黑色的衣物，这里借指僧人。禅，佛教语，梵语“禅那”之略。原指静坐默念，引申为禅理、禅法、禅学。清梁章钜《归田琐记·庆城寺碑》：“暇日，至庆城寺，与僧滋亭谈禅。”禅，又专指佛教禅宗。

④散人：不为世用的人，闲散自在的人。唐陆龟蒙《江湖散人传》："散人者，散诞之人也。心散、意散、形散、神散，既无羁限，为时之怪民，束于礼乐者外之曰：此散人也。"

⑤躬：整个身体。《说文》："躬，身也。"引申为亲自。

⑥七碗下咽而两腋清风顿起：本句出自唐代诗人卢仝的七言古诗《走笔谢孟谏议寄新茶》："一碗喉吻润，两碗破孤闷。三碗搜枯肠，惟有文字五千卷。四碗发轻汗，平生不平事，尽向毛孔散。五碗肌骨清，六碗通仙灵。七碗吃不得也，唯觉两腋习习清风生。"

明仇英《写经换茶图》

【译文】

茶灶袅袅升起轻烟，松涛般的水声耳边萦绕着，自己一个人煮茶，啜饮，自有一种独到的乐趣。但比不上与高明的人谈论道理，与文人墨客谈论诗词，与道士谈论玄学，与僧人探讨禅理，与知己谈论心情，与闲散的人谈论鬼神更为有趣。面对这么好的宾客，亲自为他们煮茶，七碗喝下后顿时两腋生风，清新舒爽。与独自啜饮相比，更觉得心旷神怡。

【点评】

虽然独自饮茶有清静之幽，但是作者更看重以茶会友，与雅士清谈之趣。这不单单是对茶味的品评，还有品饮过程中精神的交流。而这种交流是以趣味相投为指向的，所以在人数上就不可能太多。张源《茶录》说："饮茶以客少为贵，客众则喧，喧则雅趣乏矣，独啜曰神，二客曰胜，三四曰趣，五六曰乏，七八曰施。"只有在清幽的环境中静心细品，才能摒弃尘俗纷扰，达到心灵的沟通与交汇。

九之饮

饮不以时为废兴①，亦不以候为可否②，无往而不得其应③。若明窗净几，花喷柳舒，饮于春也。凉亭水阁，松风萝月④，饮于夏也。金风玉露⑤，蕉畔桐阴，饮于秋也。暖阁红垆⑥，梅开雪积，饮于冬也。僧房道院，饮何清也。山林泉石，饮何幽也。焚香鼓琴，饮何雅也。试水斗茗⑦，饮何雄也。梦回卷把⑧，饮何美也。古鼎金瓯⑨，饮之富贵者也。瓷瓶窑盏，饮之清高者也。较之呼卢浮白之饮⑩，更胜一筹。即有"瓮中百斛金陵春"⑪，当不易吾炉头七碗松萝茗。若夏兴冬废⑫，醒弃醉索，此不知茗事者，不可与言饮也。

【注释】

①时：季节，天时。

②候：节候，时令，时节。可否：可以不可以，能不能。宋欧阳修《为君难论上》：“是不审事之可否，不计功之成败也。”

③无往：犹言无论到哪里。常与“不”、“非”连用，表示肯定。晋孙绰《喻道论》：“意之所指，无往不通。”应：应当，应该。

④松风：松林之风。萝月：藤萝间的明月。南朝宋鲍照《月下登楼连句》：“仿佛萝月光，缤纷篁雾阴。”

⑤金风玉露：秋风和白露，泛指秋天的景物，亦借指秋天。北宋秦观《鹊桥仙》：“金风玉露一相逢，便胜却人间无数。”

⑥暖阁：与大屋子隔开而又相通连的小房间，可设炉取暖。亦泛指设炉取暖的小阁。垆（lú）：旧时酒店里安放酒瓮的炉形土台子。

⑦试水：尝试品味茶水。宋王安石《寄茶与平甫》诗：“石楼试水宜频啜，金谷看花莫漫煎。”斗茗：犹斗茶，品评茶。清唐孙华《仲春鸿雪堂燕集》诗：“战棋斗茗各有适，脱冠露紒无讥诃。”

⑧梦回：从梦中醒来。南唐李璟《摊

明仇英《松亭试泉图》

破浣溪沙》词之二："细雨梦回鸡塞远，小楼吹彻玉笙寒。多少泪珠无限恨，依阑干。"卷把：指书籍的册本或篇章。卷，古代写在帛或纸上的书册。把，束，册。

⑨金瓯：金质的杯盂之属。酒杯的美称。元本高明《琵琶记·蔡宅祝寿》："春花明彩袖，春酒泛金瓯。"

⑩呼卢浮白：高声呼喊，开怀畅饮。呼卢，古代一种赌博游戏，借代为赌博时的呼喊。唐李白《少年行》之三："呼卢百万终不惜，报仇千里如咫尺。"浮白，原指酒宴上的罚饮，中古以后用此语，纯指畅饮、满饮而已。浮，罚人饮酒。白，指专用来罚酒的大杯。

⑪瓮中百斛金陵春：本句出自李白《寄韦南陵冰余江上乘兴访之遇寻颜尚书笑有此赠》诗："堂上三千珠履客，瓮中百斛金陵春。"王琦注："金陵春，酒名也。唐人名酒多以春。"斛，中国旧量器名，亦是容量单位，一斛本为十斗，后来改为五斗。

⑫夏兴冬废：语出陆羽《茶经·六之饮》："夏兴冬废，非饮也。"

【译文】

饮茶不因季节天时的变化而进行或停止，也不因时令节候来决定可不可以，任何时候饮茶都是合适的。像明窗净几，花喷柳舒，是在春日饮茶之美。若是有凉亭水阁，松风萝月相伴，那便是在夏天饮茶之妙。若是逢金风玉露，蕉畔桐阴，则是在秋日饮茶之韵。倘若有暖阁红垆，梅开雪积的美景，那便是在冬日饮茶之乐。在僧房道院饮茶，是多么清闲啊。处于山林泉石之中的饮茶，是多么幽静啊。焚香鼓琴，品味饮茶的优雅。试水斗茗，体会饮茶的豪情。梦回卷把，在书香中一品香茗，感受饮茶的美好。用古鼎金瓯饮茶，是多么富贵啊。用瓷瓶窑盏饮茶，是多么清高啊。饮茶比喝酒畅饮，更胜一筹。就算有瓮中百斛的金陵春，也换不走我炉中头七碗松萝茶。如果有人在夏天饮茶冬天废止，醒的时候舍弃而醉的时候索要，这人定不是懂得茶的人，不值得与他探讨饮茶之道。

【点评】

品茶的目的重在精神享受而非解渴，所以"饮不以时为废兴，亦不以候为可否，无往而不得其应"，只有一年到头饮茶不断才算是真正的饮茶。这一观点之机杼出于陆羽"夏兴冬废，非饮也”。至于为何长年饮茶，《茶经》中没有说明，而黄龙德却将不同季节、不同环境品饮茶叶之美之感展示得淋漓尽致，美不胜收。或春夏秋冬、或清幽雄美、或富贵清高，斟饮之间，享受到的是超然绝尘的离世之美。饮茶不再仅仅满足解渴的生理需求，而是精神享受的盛宴，正如朱权在《茶谱》中论述：“予尝举白眼而望青天，汲清泉而烹活火，自谓与天语以扩心志之大，符水火以副内炼之功，得非游心于茶灶，又将有裨于修养之道矣。其惟清哉。”饮茶使明代文人既不脱离世俗，又能超然物外，成为不可或缺的精神生活。

十之藏

茶性喜燥而恶湿，最难收藏。藏茶之家，每遇梅时[①]，即以箬裹之[②]，其色未有不变者，由湿气入于内，而藏之不得法也。虽用火时时温焙[③]，而免于失色者鲜矣[④]。是善藏者，亦茶之急务，不可忽也。今藏茶当于未入梅时，将瓶预先烘暖，贮茶于中，加箬于上，仍用厚纸封固于外。次将大瓮一只[⑤]，下铺谷灰一层，将瓶倒列于上，再用谷灰埋之。层灰层瓶，瓮口封固，贮于楼阁，湿气不能入内。虽经黄梅，取出泛之[⑥]，其色、香、味犹如新茗而色不变。藏茶之法，无愈于此[⑦]。

【注释】

①梅时：梅雨时节。指中国长江中下游地区、江淮流域，每年六月中下旬至七月上半月之间持续天阴有雨的气候现象，此时正是江南梅子的成熟期，所谓“黄梅时节家家雨”，故称其为“梅雨”。

②箬（ruò）：一种竹子，叶大而宽。又指箬竹叶。

③焙（bèi）：微火烘烤。

④鲜(xiǎn)：少。

⑤瓮(wèng)：一种盛水或酒等的陶器。

⑥泛：指饮酒。宋王安石《九日随家游东山遂游东园》诗："采采黄金花，持杯为君泛。"此处指饮茶。

⑦愈：较好，胜过。

【译文】

茶性喜欢干燥不喜潮湿，最难被收藏好。收藏茶叶的人家，每到农历五月梅雨时节，即将茶叶用竹叶包起来，茶叶的颜色没有不变化的，因为湿气进入到了茶叶里面，这样的贮藏方法不合适。就算经常用微火烘烤，不会变色的茶叶也非常少见。所以好的贮藏茶叶的办法，也是茶事的紧急要务，不能够忽视。现在贮藏茶应在梅雨季节之前，先将茶瓶预先烘烤温热，把茶叶贮藏进去，在茶叶上加一层箬竹叶，然后用厚纸把瓶子外部密封结实。再拿一只大瓮，在瓮底铺一层谷灰，将茶瓶倒扣在谷灰上，再用谷灰把茶瓶埋好。这样一层谷灰一层茶瓶层层罗列，最后封固好大瓮瓮口，把大瓮贮藏在楼阁里，湿气就不能进去了。即使经过黄梅时节，取出茶叶冲泡，茶的色、香、味就像新茶一样，色泽也不会发生变化。贮藏茶叶的方法，没有比这个方法更好的了。

明成化盖罐

【点评】

茶叶中含有大量亲水性的化学成分，具有很强的吸附作用，能将水分和异味吸附到茶叶上，导致茶叶品质下降。"茶性喜燥而恶湿，最难收藏"，明代对茶叶的物性认识更加深入，从"茶性"的理论高度概括出茶叶包装与贮藏的科学依据。罗廪《茶解》中说："茶性淫，易于染著，无论腥秽及有气之物，不得与之近，即名香亦不宜相杂。”

同时对茶叶贮藏的认识已经从技术层面上升到文化层面。张源在《茶录》中说：“造时精，藏时燥，泡时洁；精、燥、洁，茶道尽矣。”品饮的艺术化，引发了对茶叶贮藏保鲜的更高需求。只有色、香、味、形等品质俱佳的茶叶，才能使人进入艺术品饮的美妙境界。明代品茶方式和技术的不断演进变化，茶叶的藏养特性逐渐被人们认识，黄龙德所述的藏茶方式是明代茶叶贮藏技术日渐精细和科学化的体现。包装与贮藏的功能更重在维护茶叶内在品质，而非宋人贡茶时层层封裹的富丽华贵。